全国计算机等级考试

上机考试习题集

二级 Visual Basic 语言程序设计

全国计算机等级考试命题研究组　编

南开大学出版社

天　津

内容提要

本书提供了全国计算机等级考试二级 Visual Basic 语言程序设计机试试题库，分为基本操作题、简单应用和综合应用题 3 部分。本书配套光盘包含如下主要内容：（1）上机考试的全真模拟环境，可练习书中大量试题，其考题类型、出题方式、考场环境和评分方法与实际考试相同，但多了详尽的答案和解析；（2）书中所有习题答案，可通过屏幕浏览和打印方式轻松查看；（3）考试过程的录像动画演示，从登录、答题到交卷，均有指导教师的全程语音讲解。

本书针对参加全国计算机等级考试二级 Visual Basic 语言程序设计的考生，同时也可作为大专院校、成人高等教育以及相关培训班的练习题和考试题使用。

图书在版编目(CIP)数据

全国计算机等级考试上机考试习题集：2011版．二级
Visual Basic 语言程序设计 / 全国计算机等级考试命题
研究组编．—7版．—天津：南开大学出版社，2010.12
ISBN 978-7-310-02263-2

Ⅰ.全… Ⅱ.全… Ⅲ.①电子计算机—水平考试—习题
②BASIC 语言—程序设计—水平考试—习题　Ⅳ.TP3-44

中国版本图书馆 CIP 数据核字(2009)第 190940 号

南开大学出版社出版发行

出版人：肖占鹏

地址：天津市南开区卫津路 94 号　　邮政编码：300071

营销部电话：(022)23508339　23500755

营销部传真：(022)23508542　　邮购部电话：(022)23502200

*

天津泰宇印务有限公司印刷

全国各地新华书店经销

*

2010 年 12 月第 7 版　　2010 年 12 月第 7 次印刷

787×1092 毫米　16 开本　10.125 印张　249 千字

定价：25.00 元

如遇图书印装质量问题，请与本社营销部联系调换，电话：(022)23507125

编委会

主　　编：陈河南
副主编：许　伟
编　　委：贺　民　侯佳宜　贺　军　于樊鹏　戴文雅
　　　　　戴　军　李志云　陈安南　李晓春　王春桥
　　　　　王　雷　韦　笑　龚亚萍　冯　哲　邓　卫
　　　　　唐　玮　魏　宇　李　强

前　言

全国计算机等级考试（National Computer Rank Examination，NCRE）是由教育部考试中心主办，用于考查应试人员的计算机应用知识与能力的考试。本考试的证书已经成为许多单位招聘员工的一个必要条件，具有相当的"含金量"。

为了帮助考生更顺利地通过计算机等级考试，我们做了大量市场调研工作，根据考生的备考体会，以及培训教师的授课经验，推出了《上机考试习题集——二级 Visual Basic 语言程序设计》。本书主要由如下两部分组成。

一、二级 Visual Basic 语言程序设计上机考试题库

对于备战等级考试而言，做题，是进行考前冲刺的最佳方式。这是因为它的针对性相当强，考生可以通过实际练习做题，来检验自己是否真正掌握了相关知识点，了解考试重点，并且根据需要再对知识结构的薄弱环节进行强化。

二、配套光盘

本书配套光盘内容丰富，物超所值，可用于考前实战训练，主要内容有：

● 上机考试的全真模拟环境，用于考前实战训练。本上机系统题量巨大，可在全真模拟考试系统中进行训练和判分，以此强化考生的应试能力，其考题类型、出题方式、考场环境和评分方法与实际考试相同，但多了详尽的答案和解析，使考生可掌握解题技巧和思路。

● 上机考试过程的视频录像，从登录、答题到交卷的录像演示，均有指导教师的全程语音讲解。

● 书中所有习题答案，可通过屏幕浏览和打印方式轻松查看。

本书针对参加全国计算机等级考试二级 Visual Basic 语言程序设计的考生，同时也可以作为普通高校、大专院校、成人高等教育以及相关培训班的练习题和考试题使用。

为了保证本书及时面市和内容准确，很多朋友做出了贡献，陈河南、贺民、许伟、侯佳宜、贺军、于樊鹏、戴文雅、戴军、李志云、陈安南、李晓春、王春桥、王雷、韦笑、龚亚萍、冯哲、邓卫、唐玮、魏宇、李强等老师付出了很多辛苦，在此一并表示感谢！

在学习的过程中，您如有问题或建议，请使用电子邮件与我们联系。或登录百分网，在"书友论坛"与我们共同探讨。

电子邮件：book_service@126.com

百分网：　www.baifen100.com

全国计算机等级考试命题研究组

配套光盘说明

光盘初始启动界面,可选择安装上机系统、查看上机操作过程以及浏览书中答案

上机操作过程的录像演示,有指导教师的全程语音讲解

单击"书上题目答案"按钮,可查看书中所有题目答案,单击"打印"按钮可打印答案

单击光盘初始界面左下角的 图标,您可以给我们发送邮件,提出您的建议和意见

单击光盘初始界面的 图标,可进入百分网,您可以在此与我们共同探讨问题

从"开始"菜单可启动帮助系统,在这里可看到考试简介、考试大纲以及详细的软件使用说明

双击桌面上的软件名称启动上机系统,按照提示操作,您可以随机抽题,也可以指定固定的题目

浏览题目界面,查看考试题目,单击"考试项目"开始答题

实际答题环境。答题完成后单击工具栏中的"交卷"按钮

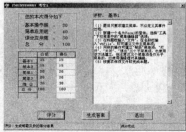

答案和分析界面,查看所考核题目的答案和分析

第一部分　基本操作题

第 1 题

在名为 Form1 的窗体上建立一个二级菜单，该菜单需要含有"文件"、"帮助"两个主菜单项，名称分别为 vbFile 和 vbHelp。其中，"文件"菜单包括"打开"、"关闭"、"退出"3 个子菜单项，名称分别为 vbOpen、vbClose、vbExit，如下图所示。

注意：

只建立菜单，不必定义其事件过程；文件必须存放在考生文件夹中，窗体文件名为 execise1.frm，工程文件名为 execise1.vbp。

★★★

第 2 题

在名为 Form1 的窗体上绘制一个框架，名为 Frm1，标题为"这是框架"，高度为 3000，宽度为 5000；在框架中绘制一个文本框，名为 Text1，高度为 500，宽度为 1500，其位置距框架的左边框 500，距框架的上边框 1500，文本框中的初始内容设置为"这是文本框"，如下图所示。

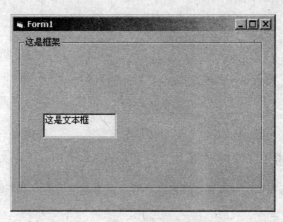

注意：

文件必须存放在考生文件夹中，窗体文件名为 execise2.frm，工程文件名为 execise2.vbp。

★★

第 3 题

在名为 Form1 的窗体上建立一个名为 Pic1 的图片框，两个名称分别为 Cmd1 和 Cmd2 的命令按钮，标题分别为 Print 和 Clear，如下图所示。编写适当的事件过程，要求程序运行后，每单击一次 Print 按钮，不使用任何变量，直接在图片框中显示"计算机等级考试"；如果单击 Clear 按钮，则清除图片框中的内容。

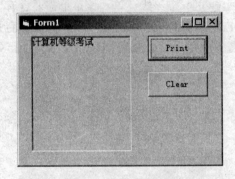

注意：
文件必须存放在考生文件夹中，窗体文件名为 execise3.frm，工程文件名为 execise3.vbp。

★★

第 4 题

按下述要求在属性窗口中设置属性：在名为 Form1 的窗体中建立一个标签，名为 Lab1，在标签上显示"选课"，字号大小为四号；建立 4 个复选框，名称分别为 Chk1、Chk2、Chk3 和 Chk4，标题分别为"英语"、"数学"、"政治"和"体育"，字体大小均为 16，其中"体育"被禁用，如下图所示。

注意：
文件必须存放在考生文件夹中，窗体文件名为 execise4.frm，工程文件名为 execise4.vbp。

★★

第 5 题

在名为 Form1 的窗体上，绘制一个名为 Text1 的文本框。设置文本框属性，在文本框中显示"文本框"；再建立一个名为 Cmd1，标题为 Clear 的命令按钮，如下图所示。编写适当的事件过程，使程序运行后，若单击 Clear 命令按钮，则清除文本框中所显示的信息。

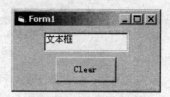

注意：

文件必须存放在考生文件夹中,窗体文件名为 execise5.frm,工程文件名为 execise5.vbp。

★★

第 6 题

在名为 Form1 的窗体上建立两个分别名为 Cmd1 和 Cmd2 的命令按钮,标题分别为"体育"和"美术",如下图所示。编写适当的事件过程,使程序运行后,若单击"体育"命令按钮,窗体上显示"体育是必修课程"。若单击"美术"命令按钮,窗体上显示"美术是选修课程"。

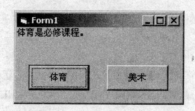

注意：

程序中不要使用任何变量,直接显示字符串；文件必须存放在考生文件夹中,窗体文件名为 execise6.frm,工程文件名为 execise6.vbp。

★★

第 7 题

在名为 Form1 的窗体上绘制两个文本框,名称分别为 Text1 和 Text2（如下图所示）,初始情况下都没有内容。请编写适当的事件过程,使得程序在运行时,在 Text1 中输入的任何字符,立即显示在 Text2 中。

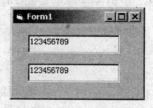

注意：

程序中不得使用任何变量；文件必须存放在考生文件夹中,工程文件名为 execise7.vbp,窗体文件名为 execise7.frm。

★★

第 8 题

在窗体上绘制一个列表框，名为 List1，通过属性窗口向列表框中添加 4 个项目，分别为 Item1、Item2、Item3 和 Item4。编写适当的事件过程，使程序运行后，若单击列表框中的某一项，则该项就从列表框中消失。程序的运行情况如下图所示。

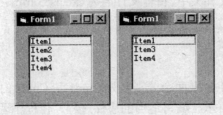

注意：

文件必须存放在考生文件夹中，工程文件名为 execise8.vbp，窗体文件名为 execise8.frm。

★★

第 9 题

在 Form1 窗体上绘制一个名为 Text1 的文本框，然后建立一个主菜单，标题为"操作"，名为 vbOp，该菜单有两个菜单项，其标题分别为"显示"和"清除"，名称分别为 vbDis 和 vbClear。编写适当的事件过程，使程序运行后，若单击"操作"菜单中的"显示"命令，在文本框显示 Visual Basic；如果单击"清除"命令，则清除文本框中显示的内容。程序的运行情况如下图所示。

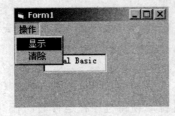

注意：

文件必须存放在考生文件夹中，工程文件名为 execise9.vbp，窗体文件名为 execise9.frm。

★★

第 10 题

在 Form1 的窗体上绘制一个标签，其名称为 Lab1；再绘制一个列表框，其名称为 List1，通过属性窗口向列表框中添加若干个项目，每个项目的具体内容不限。编写适当的事件过程，使程序运行后，若双击列表框中的任意一项，则把列表中的项目数在标签中显示出来。程序的运行情况如下图所示。

注意：

程序中不准使用任何变量；文件必须存放在考生文件夹中，工程文件名为

execise10.vbp，窗体文件名为 execise10.frm。

★★★

第 11 题

在名为 From1 的窗体上绘制一个名为 Drive1 的 DriveListBox 控件，一个名为 Dir1 的 DirListBox 控件和一个名为 File1 的 FileListBox 控件。编写适当的事件过程，使程序运行时，可以对系统中的文件进行浏览；当双击 File1 中的文件名时，用 MsgBox 显示文件名（不显示路径名）。如下图所示。

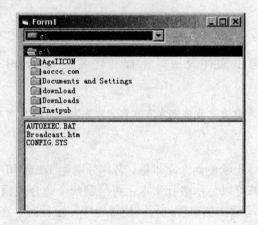

注意：

程序中不得使用任何变量；文件必须存放在考生文件夹中，窗体文件名为 execise11.frm，工程文件名为 execise11.vbp。

★★★

第 12 题

在名为 Form1 的窗体上放置一个名为 Text1 的文本框。程序运行后，用户在文本框中输入的英文字母一律用大写显示（要求焦点在最右端），如下图所示。

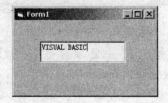

注意：

文件必须存放在考生文件夹中，窗体文件名为 execise12.frm，工程文件名为 execise12.vbp。

★★★

第 13 题

在名为 Form1 的窗体上建立一个名为 Opt1 的单选按钮数组，含 3 个单选按钮，它们的标题依次为 First、Second 和 Third，其下标分别为 0，1，2。初始状态下，Third 为选中状态。运行后的窗体如下图所示。

注意：

文件必须存放在考生文件夹中，工程文件名为 execise13.vbp，窗体文件名为 execise13.frm。

★★★

第 14 题

在名为 Form1 的窗体上绘制两个文本框，名称分别为 Text1 和 Text2，它们都显示垂直滚动条和水平滚动条，都可以显示多行文本；再绘制一个命令按钮，名为 Cmd1，标题为 Copy 如下图所示。请编写适当的事件过程，使得程序在运行时，在 Text1 中输入多行文本后，单击 Copy 按钮，就把 Text1 中的文本全部复制到 Text2 中。

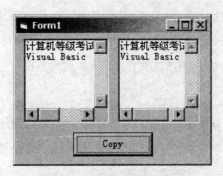

注意：

程序中不得使用任何变量；文件必须存放在考生文件夹中，工程文件名为 execise14.vbp，窗体文件名为 execise14.frm。

☆☆☆☆☆☆☆☆☆☆☆☆☆☆☆☆☆☆☆☆☆☆☆☆☆☆☆☆☆☆☆☆☆☆☆☆

第 15 题

在窗体上绘制一个文本框，名为 Text1，高度为 500，宽度为 1500，字体为"宋体"，并设置其他相关属性，使得在程序运行时，文本框中输入的字符都显示为"%"，如下图所示。

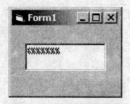

注意：

文件必须存放在考生文件夹中，工程文件名为 execise15.vbp，窗体文件名为 execise15.frm。

☆☆☆☆☆☆☆☆☆☆☆☆☆☆☆☆☆☆☆☆☆☆☆☆☆☆☆☆☆☆☆☆☆☆☆☆

第 16 题

在 Form1 的窗体上绘制一个命令按钮，名为 Cmd1，标题为 Display。编写适当的事件过程，使程序运行后，若单击命令按钮，则在窗体上显示 Visual Basic；如果单击窗体，则命令按钮消失。程序运行情况如下图所示。

注意：

在程序中不能使用任何变量；文件必须存放在考生文件夹中，工程文件名为 execise16.vbp，窗体文件名为 execise16.frm。

☆☆☆☆☆☆☆☆☆☆☆☆☆☆☆☆☆☆☆☆☆☆☆☆☆☆☆☆☆☆☆☆☆☆☆☆

第 17 题

在窗体上绘制一个命令按钮，其名称为 Cmd1，标题为 Display。编写适当的事件过程，使程序运行后，若单击命令按钮，则把窗体的标题修改为 Visual Basic，程序运行结果如下图所示。

注意：

文件必须存放在考生文件夹中，工程文件名为 execise17.vbp，窗体文件名为 execise17.frm。程序中不得使用任何变量。

★★

第 18 题

在 Form1 的窗体上绘制一个图片框，其名称为 Pic1。编写适当的事件过程，使程序运行后，若单击窗体，则从图片框的（250，500）位置处开始显示 Visual Basic。程序运行情况如下图所示。

注意：

程序中不得使用任何变量；文件必须存放在考生文件夹中，工程文件名为 execise18.vbp，窗体文件名为 execise18.frm。

★★

第 19 题

在名为 Form1 的窗体上添加一个计时器控件，名为 Timer1。请利用属性窗口设置适当属性，使得在运行时可以每隔 1 秒，调用计时器的 Timer 事件过程一次。另外，请把窗体的标题设置为"计时器"。设计阶段的窗体如下图所示。

注意：

文件必须存放在考生文件夹中，工程文件名为 execise19.vbp，窗体文件名为 execise19.frm。

★★

第 20 题

在名为 Form1 的窗体上绘制两个文本框，名称分别为 Text1 和 Text2，均无初始内容；

再建立一个下拉菜单，菜单标题为"操作"，名为 vbOp，此菜单下含有两个菜单项，名称分别为 vbCopy 和 vbClear，标题分别为"复制"和"清除"。请编写适当的事件过程，使得在程序运行时，单击"复制"菜单项，则把 Text1 中的内容复制到 Text2 中，单击"清除"菜单项，则清除 Text2 中的内容（即在 Text2 中填入空字符串）。运行时的窗体如下图所示。

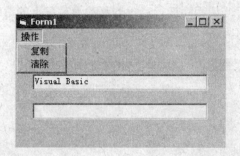

注意：

程序中不得使用任何变量，每个事件过程中只能写一条语句；文件必须存放在考生文件夹中，工程文件名为 execise20.vbp，窗体文件名为 execise20.frm。

☆☆☆☆☆☆☆☆☆☆☆☆☆☆☆☆☆☆☆☆☆☆☆☆☆☆☆☆☆☆☆☆☆☆☆☆

第 21 题

在名为 Form1 的窗体上绘制两个标签（名称分别为 Lab1 和 Lab2，标题分别为"身高"和"体重"）、两个文本框（名称分别为 Text1 和 Text2，Text 属性均为空白）和一个命令按钮（名称为 Cmd1，标题为"输入"）。编写命令按钮的 Click 事件过程，使程序运行后，若单击命令按钮，则先后显示两个输入对话框，在两个输入对话框中分别输入身高和体重，并分别在两个文本框中显示出来，运行后的窗体如下图所示。

注意：

程序中不得使用任何变量；文件必须存放在考生文件夹中，工程文件名为 execise21.vbp，窗体文件名为 execise21.frm。

☆☆☆☆☆☆☆☆☆☆☆☆☆☆☆☆☆☆☆☆☆☆☆☆☆☆☆☆☆☆☆☆☆☆☆☆

第 22 题

在名为 Form1 的窗体上绘制一个垂直滚动条（名称为 VS1）和一个水平滚动条（名称

为 HS1）。在属性窗口中对两个滚动条设置如下属性：

Min   2000

Max   8000

LargeChange   500

SmallChange   50

编写适当的事件过程，使程序运行后，若移动滚动条上的滚动框，则可扩大或缩小窗体。运行后的窗体如下图所示。

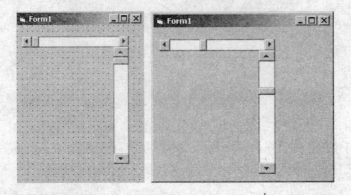

注意：

程序中不得使用任何变量；文件必须存放在考生文件夹中，工程文件名为 execise22.vbp，窗体文件名为 execise22.frm。

****

第 23 题

在名为 Form1 标题为"选课"的窗体上绘制一个复选框数组，名为 Chk1，共有 4 个复选框，按顺序其标题分别是"音乐"、"美术"、"体育"和"政治"，其中"体育"和"政治"复选框处在选中状态下。请绘制控件并设置相应属性，使运行时的窗体如下图所示。

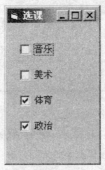

注意：

文件必须存放在考生文件夹中，工程文件名为 execise23.vbp，窗体文件名为 execise23.frm。

☆☆☆☆☆☆☆☆☆☆☆☆☆☆☆☆☆☆☆☆☆☆☆☆☆☆☆☆☆☆☆☆☆☆☆☆☆

第 24 题

在名为 Form1 的窗体上绘制一个图像框，名为 Image1，其高、宽分别为 2000、1800，通过属性窗口把考生文件夹下的图像文件 Pic1.bmp 装入图像框；再绘制两个命令按钮，名称分别为 Cmd1 和 Cmd2，标题分别为"放大"和"缩小"，如下图所示。

要求：

（1）请编写适当的事件过程，使程序运行后，若单击"放大"按钮，则把图像框的高度、宽度均增加 100；单击"缩小"按钮，则把图像框的高度、宽度均减少 100。该程序中不得使用任何变量。

（2）通过属性窗口设置图像框的适当属性，使得在放大、缩小图像框时，其中的图像也自动放大、缩小。

注意：

文件必须存放在考生文件夹中，工程文件名为 execise24.vbp，窗体文件名为 execise24.frm。

☆☆☆☆☆☆☆☆☆☆☆☆☆☆☆☆☆☆☆☆☆☆☆☆☆☆☆☆☆☆☆☆☆☆☆☆☆

第 25 题

在名为 Form1 的窗体上绘制一个名为 Cmd1 的命令按钮，标题为"打开文件"，再绘制一个名为 CD1 的通用对话框。程序运行后，若单击命令按钮，则弹出"打开文件"对话框。请按下列要求设置属性和编写代码：

（1）设置适当属性，使对话框的标题为"打开文件"。

（2）设置适当属性，使对话框的"文件类型"下拉式组合框中有两行："文本文件"、"所有文件"（如下图所示），默认的类型是"所有文件"。

（3）编写命令按钮的事件过程，使得单击按钮可以弹出"打开文件"对话框。

注意：

程序中不得使用变量，事件过程中只能写一条语句；文件必须存放在考生文件夹中，工程文件名为 execise25.vbp，窗体文件名为 execise25.frm。

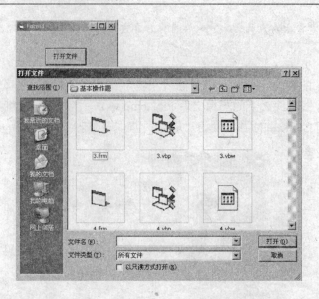

★★★

第 26 题

在名为 Form1 的窗体上绘制两个命令按钮，其名称分别为 Cmd1 和 Cmd2。编写适当的事件过程，使程序运行后，若单击命令按钮 Cmd1，则可使该按钮移到窗体的左上角（只允许通过修改属性的方式实现）；如果单击命令按钮 Cmd2，则可使该按钮在长度和宽度上各扩大到原来的 3 倍。程序的运行情况如下图所示。

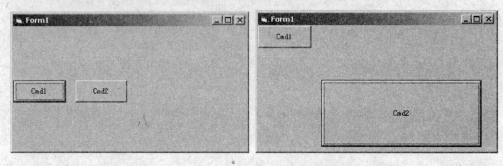

注意：

不得使用任何变量；文件必须存放在考生文件夹中，工程文件名为 execise26.vbp，窗体文件名为 execise26.frm。

★★★

第 27 题

在名为 Form1 的窗体上建立一个名为 Opt1 的单选按钮数组，含 3 个单选按钮，它们的标题依次为 First、Second 和 Third，其下标分别为 0，1，2。初始状态下，Third 为选中状态；再绘制一个文本框，名称为 Text1，内容为空白。编写适当的事件过程，使程序运行后，选中哪个单选按钮，则在文本框 Text1 中显示该单选按钮的标题。运行后的窗体如下图所示。

注意：

文件必须存放在考生文件夹中，工程文件名为 execise27.vbp，窗体文件名为
execise27.frm。

★★★

第 28 题

在名为 Form1 的窗体上绘制一个图片框，名为 Pic1，高为 2000，宽为 1500，并放入
文件名为 pic1.bmp 的图片（如下图所示）。请编写适当的事件过程，使得在运行时，若双
击窗体，则图片框中的图片消失。

注意：

程序中不得使用任何变量；文件必须存放在考生文件夹中，工程文件名为
execise28.vbp，窗体文件名为 execise28.frm。

★★★

第 29 题

在 Form1 的窗体上绘制一个文本框，名为 Text1；绘制一个命令按钮，名为 Cmd1，标
题为 Display，它的 TabIndex 属性设为 0。请为 Cmd1 设置适当的属性，使得当焦点在 Text1
上时，按 Esc 键就调用 Cmd1 的 Click 事件，该事件过程的作用是在文本框中显示 Visual
Basic，程序运行结果如下图所示。

注意：

程序中不得使用任何变量；文件必须存放在考生文件夹中，工程文件名为
execise29.vbp，窗体文件名为 execise29.frm。

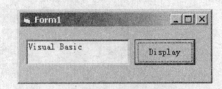

★★★

第 30 题

在名为 Form1 的窗体上绘制一个文本框，名为 Text1；再建立一个下拉菜单，菜单标题为"操作"，名为 vbOp，此菜单下含有两个菜单项，名称分别为 vbDis 和 vbHide，标题分别为"显示"和"隐藏"。

请编写适当的事件过程，使得在运行时，单击"隐藏"菜单项，则文本框消失；单击"显示"菜单项，则文本框重新出现。运行后的窗体如下图所示。

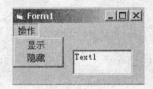

注意：

程序中不得使用变量，每个事件过程中只能写一条语句；文件必须存放在考生文件夹中，工程文件名为 execise30.vbp，窗体文件名为 execise30.frm。

★★★

第 31 题

在名为 Form1 的窗体上绘制一个名为 Lab1、标题为空白、BorderStyle 属性为 1、Visible 属性为 False 的标签，一个名为 Text1、Text 属性为空白的文本框和一个名为 Cmd1、标题为"显示"的命令按钮。然后编写命令按钮的 Click 事件过程，使程序运行后，在文本框中输入"计算机等级考试"，然后单击命令按钮，则文本框消失，并在标签内显示文本框中的内容。运行后的窗体如下图所示。

注意：

程序中不得使用任何变量；文件必须存放在考生文件夹中，工程文件名为 execise31.vbp，窗体文件名为 execise31.frm。

✮✮

第 32 题

在名为 Form1 的窗体上绘制一个标签，其名称为 Lab1，在属性窗口中把 BorderStyle 属性设置为 1。编写适当的事件过程，使程序运行后，若单击窗体，则可使标签移到窗体的右上角（只允许在程序中修改适当属性来实现）。程序的运行情况如下图所示。

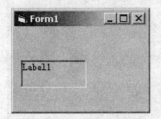 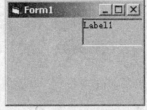

注意：
不得使用任何变量；文件必须存放在考生文件夹中，工程文件名为 execise32.vbp，窗体文件名为 execise32.frm。

✮✮

第 33 题

在名为 Form1 的窗体上绘制 3 个单选按钮，其名称分别为 Opt1、Opt2 和 Opt3，然后通过属性窗口设置窗体和单选按钮的属性。窗体标题为"设置单选按钮属性"；3 个单选按钮的标题分别为 First、Second 和 Third。初始状态为：第 1 个单选按钮为"选中"。程序运行后，第 2 个单选按钮"禁用"，第 3 个单选按钮不可见。程序的运行情况如下图所示。

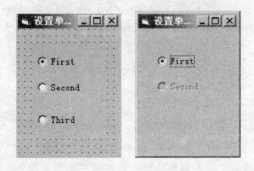

注意：
不编写任何代码；文件必须存放在考生文件夹中，工程文件名为 execise33.vbp，窗体文件名为 execise33.frm。

✮✮

第 34 题

在名为 Form1 的窗体上绘制一个名为 Image1 的图像框，利用属性窗口装入考生文件夹中的图像文件 Pic1.bmp，并设置适当属性使其中的图像可以适应图像框大小；再绘制两个命令按钮，名称分别为 Cmd1、Cmd2，标题分别为"右移"、"下移"。请编写适当的事件过程，使得在运行时，每单击"右移"按钮一次，图像框向右移动 100；每单击"下移"按钮一次，图像框向下移动 100。运行时的窗体如下图所示。

注意：

程序中不得使用变量，事件过程中只能写一条语句；文件必须存放在考生文件夹中，工程文件名为 execise34.vbp，窗体文件名为 execise34.frm。

☆☆

第 35 题

在名为 Form1 的窗体中建立一个命令按钮，名为 Cmd1，标题为 Show（如下图所示）。编写适当的事件过程，使程序运行后，若单击 Show 按钮，则执行语句 Form1.Print "Show"；如果单击窗体，则执行语句 Form1.Cls。

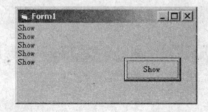

注意：

文件必须存放在考生文件夹中，窗体文件名为 execise35.frm，工程文件名为 execise35.vbp。

☆☆

第 36 题

在名为 Form1 的窗体上建立一个名为 List1 的列表框（如下图所示）。编写适当的事件过程，使在程序运行后，通过 Form_Load()事件过程加载窗体时，执行语句 List1.AddItem "Item"；单击某个列表项时，执行语句 List1.AddItem List1.Text 一次。

注意：

文件必须存放在考生文件夹中，窗体文件名为 execise36.frm，工程文件名为

execise36.vbp。

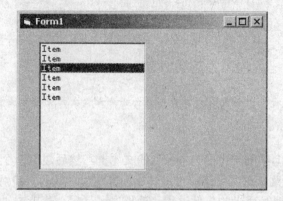

✫✫

第 37 题

在名为 Form1 的窗体上建立一个名为 HS1 的水平滚动条,并在属性窗口中把它的 Max 属性设置为 200,Min 属性设置为 0,Value 属性设置为 100。程序运行后,滚动框位于滚动条中间(如下图所示),若单击滚动条之外的窗体部分,则滚动框跳到滚动条的最右端。

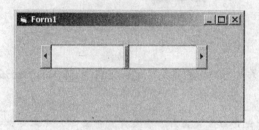

注意:

(1)只能直接为相应的属性赋值,不得使用变量。

(2)文件必须存放在考生文件夹中,窗体文件名为 execise37.frm,工程文件名为 execise37.vbp。

✫✫

第 38 题

在名为 Form1 的窗体上建立两个名称分别为 Cmd1 和 Cmd2,标题分别为"读取"和"连接"的命令按钮。编写适当的事件过程,使程序运行后,单击"读取"按钮,可通过输入对话框输入两个字符串,存入字符串变量 char1、char2 中(char1、char2 应定义为窗体变量),若单击"连接"按钮,则把两个字符串连接为一个字符串(顺序不限)并在信息框中显示出来(如下图所示)。

注意:

在程序中不得使用任何其他变量;文件必须存放在考生文件夹中,窗体文件名为 execise38.frm,工程文件名为 execise38.vbp。

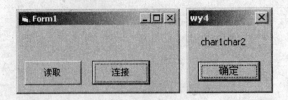

★★

第 39 题

在 Form1 的窗体上绘制一个名为 Text1 的文本框，然后建立一个标题为"操作"的主菜单，名为 vbOp，该菜单有两个菜单项，其标题分别为"显示"和"退出"，其名称分别为 vbDis 和 vbExit。编写适当的事件过程，使程序运行后，若单击"操作"菜单中的"显示"命令，则在文本框中显示 Visual Basic；如果单击"退出"命令，则结束程序运行。程序的运行情况如下图所示。

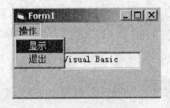

注意：

文件必须存放在考生文件夹中，工程文件名为 execise39.vbp，窗体文件名为 execise39.frm。

★★

第 40 题

在窗体上绘制两个文本框，名称分别为 Text1 和 Text2。请设置适当的控件属性，并编写适当的事件过程，使得在运行时，若在 Text1 中每输入一个字符，则显示输入的内容，同时在 Text2 中显示一个"*"。若在 Text2 中每输入一个字符，则显示一个"*"，如下图所示。

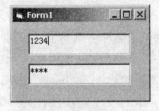

注意：

程序中不得使用任何变量；文件必须存放在考生文件夹中，工程文件名为 execise40.vbp，窗体文件名为 execise40.frm。

★★★★★★★★★★★★★★★★★★★★★★★★★★★★★★★★★★★★★★★

第 41 题

在 Form1 的窗体上建立一个主菜单，标题为"操作"，名为 vbOp，该菜单有两个菜单项，其标题分别为"显示"和"清除"，其名称分别为 vbDis 和 vbClear。编写适当的事件过程，使程序运行后，若单击"操作"菜单中的"显示"命令，则在窗体上显示 Visual Basic；如果单击"清除"命令，则清除窗体上显示的内容。程序的运行情况如下图所示。

注意：

文件必须存放在考生文件夹中，工程文件名为 execise41.vbp，窗体文件名为 execise41.frm。

★★★★★★★★★★★★★★★★★★★★★★★★★★★★★★★★★★★★★★★

第 42 题

在窗体上绘制一个列表框，名为 List1，通过属性窗口向列表框中添加 4 个项目，分别为 Item1、Item2、Item3 和 Item4。编写适当的事件过程，使程序运行后，每次单击列表框中的任何一项，则总在最后面添加一项 Item5。程序的运行情况如下图所示。

注意：

程序中不得使用任何变量；文件必须存放在考生文件夹中，工程文件名为 execise42.vbp，窗体文件名为 execise42.frm。

★★★★★★★★★★★★★★★★★★★★★★★★★★★★★★★★★★★★★★★

第 43 题

在名为 Form1 的窗体上放置两个列表框，名称分别为 List1 和 List2。在 List1 中添加"1"、"2"…"10"，并设置 MultiSelect 属性为 2（要求在控件属性中设置）。再放置一个名为 Cmd1，标题为"复制"的命令按钮。程序运行后，若单击"复制"按钮，将 List1 中选中的内容（至少两项）复制到 List2 中（如下图所示）。若选择的项数少于两项，用消息框提示"请选择至少两项"。

注意：

文件必须存放在考生文件夹中，窗体文件名为 execise43.frm，工程文件名为 execise43.vbp。

★★★

第 44 题

在名为 Form1 的窗体上绘制一个名为 Text1 的文本框和 4 个名称分别为 Opt1、Opt2、Opt3 和 Opt4，标题分别为"东方"、"南方"、"西方"和"北方"的单选按钮，编写适当的 Click 事件过程，使程序运行后，若单击"东方"单选按钮，在文本框中显示字符串"计算机学院"；如果单击"南方"单选按钮，在文本框中显示字符串"电子信息工程学院"（如下图所示）；如果单击"西方"单选按钮，在文本框中显示字符串"经济管理学院"；如果单击"北方"单选按钮，在文本框中显示字符串"人文学院"。

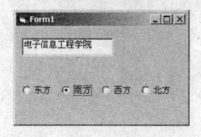

注意：

不要使用任何变量，直接显示字符串；文件必须存放在考生文件夹中，窗体文件名为 execise44.frm，工程文件名为 execise44.vbp。

★★★

第 45 题

在名为 Form1 的窗体上绘制一个命令按钮，名为 Cmd1，标题为"复制"；再绘制一个文本框，名为 Text1。请编写适当的事件过程，使得在运行时，若单击命令按钮，则把按钮上的标题复制到文本框中（如下图所示）。

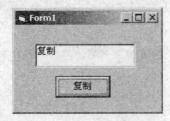

注意：

程序中不得使用任何变量；文件必须存放在考生文件夹中，工程文件名为 execise45.vbp，窗体文件名为 execise45.frm。

☆☆☆☆☆☆☆☆☆☆☆☆☆☆☆☆☆☆☆☆☆☆☆☆☆☆☆☆☆☆☆☆☆☆☆☆

第 46 题

在窗体上绘制两个命令按钮，名称分别为 Cmd1 和 Cmd2，标题分别为"按钮 1"和"按钮 2"，其中"按钮 1"按钮的初始状态为无效（即不可用）。请编写适当的事件过程，使得在运行时单击"按钮 2"按钮，则使"按钮 1"按钮变为有效（即可以使用）。窗体的初始状态和运行时的情况如下图所示。

注意：

程序中不得使用任何变量；文件必须存放在考生文件夹中，工程文件名为 execise46.vbp，窗体文件名为 execise46.frm。

☆☆☆☆☆☆☆☆☆☆☆☆☆☆☆☆☆☆☆☆☆☆☆☆☆☆☆☆☆☆☆☆☆☆☆☆

第 47 题

在名为 Form1 的窗体上绘制一个名为 Chk1 的复选框数组，含 3 个复选框，它们的标题依次为 First、Second 和 Third，其下标分别为 0，1，2。初始状态下，Second 和 Third 为选中状态。运行后的窗体如下图所示。

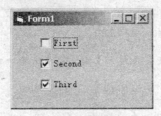

注意：

文件必须存放在考生文件夹中，工程文件名为 execise47.vbp，窗体文件名为 execise47.frm。

☆☆☆☆☆☆☆☆☆☆☆☆☆☆☆☆☆☆☆☆☆☆☆☆☆☆☆☆☆☆☆☆☆☆☆☆

第 48 题

请在名为 Form1 的窗体上建立一个二级下拉菜单，第一级共有两个菜单项，标题分别为"文件"和"编辑"，名称分别为 vbFile 和 vbEdit；在"编辑"菜单下有第二级菜单，含有 3 个菜单项，标题分别为"剪切"、"复制"和"粘贴"，名称分别为 vbCut、vbCopy 和 vbPaste。其中"剪切"菜单项设置为无效（如下图所示）。

注意：

文件必须存放在考生文件夹中，工程文件名为 execise48.vbp，窗体文件名为 execise48.frm。

☆☆☆☆☆☆☆☆☆☆☆☆☆☆☆☆☆☆☆☆☆☆☆☆☆☆☆☆☆☆☆☆☆☆☆☆

第 49 题

在 Form1 的窗体上绘制一个文本框，名为 Text1；绘制一个命令按钮，名为 Cmd1，标题为"显示"，它的 TabIndex 属性设为 0。请为 Cmd1 设置适当的属性，使得当焦点在 Cmd1 上时，按 Esc 键就调用 Cmd1 的 Click 事件，该事件过程的作用是在文本框中显示 Visual Basic，程序运行结果如下图所示。

注意：

程序中不得使用任何变量；文件必须存放在考生文件夹中，工程文件名为 execise49.vbp，窗体文件名为 execise49.frm。

☆☆☆☆☆☆☆☆☆☆☆☆☆☆☆☆☆☆☆☆☆☆☆☆☆☆☆☆☆☆☆☆☆☆☆☆

第 50 题

在名为 Form1 的窗体上绘制一个文本框，名为 Text1，其初始内容为 0；绘制一个命令按钮,名为 Cmd1,标题为 Begin;再绘制一个名为 Timer1 的计时器。要求在开始运行时不计数,单击 Begin 按钮后,则使文本框中的数每秒加 1(方法是:把计时器的相应属性设置为适当值,在计时器的适当的事件过程中加入语句:Text1.Text = Text1.Text + 1;并在命令按钮的适当事件过程中加入语句:Timer1.Enabled = True)。运行时的窗体如下图所示。

注意:

文件必须存放在考生文件夹中,工程文件名为 execise50.vbp,窗体文件名为 execise50.frm。

★★

第 51 题

在名为 Form1 的窗体上绘制两个标签(名称分别为 Lab1 和 Lab2,标题分别为"书名"和"作者")、两个文本框(名称分别为 Text1 和 Text2,Text 属性均为空白)和一个命令按钮(名称为 Cmd1,标题为 Display)。然后编写命令按钮的 Click 事件过程,使程序运行后,在两个文本框中分别输入书名和作者,然后单击命令按钮,则在窗体的标题栏上先后显示两个文本框中的内容,如下图所示。

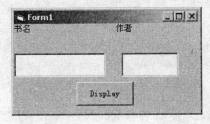 

注意:

要求程序中不得使用任何变量;文件必须存放在考生文件夹中,工程文件名为 execise51.vbp,窗体文件名为 execise51.frm。

★★

第 52 题

在名为 Form1 的窗体上绘制一个名为 HS1 的水平滚动条,其刻度值范围为 1~200;绘制一个命令按钮,名为 Cmd1,标题为"移动滚动条"。请编写适当的事件过程,使得在运行时,每单击命令按钮一次(假定单击次数少于 10 次),滚动框向右移动 20 个刻度。运行时的窗体如下图所示。

注意:

程序中不得使用变量,事件过程中只能写一条语句;文件必须存放在考生文件夹中,工程文件名为 execise52.vbp,窗体文件名为 execise52.frm。

✫✫✫

第 53 题

在名为 Form1 的窗体上绘制两个文本框,其名称分别为 Text1 和 Text2,它们的高、宽分别为 400、2500 和 1500、2500。窗体的标题为"窗体窗口"。请通过属性窗口设置适当的属性满足以下要求:

(1) Text2 可以显示多行文本,且有垂直和水平两个滚动条。

(2) 运行时在 Text1 中输入的字符都显示为"*"。

运行后的窗体如下图所示。

注意:

文件必须存放在考生文件夹中,工程文件名为 execise53.vbp,窗体文件名为 execise53.frm。

✫✫✫

第 54 题

在名为 Form1 的窗体上绘制一个命令按钮,名为 Cmd1,标题为"移动按钮",如下图所示。编写适当的事件过程,使得程序运行时,每单击命令按钮一次,该按钮向右移动 100。

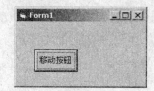

注意：

程序中不得使用变量，事件过程中只能写一条语句；文件必须存放在考生文件夹中，工程文件名为 execise54.vbp，窗体文件名为 execise54.frm。

✶✶✶✶✶✶✶✶✶✶✶✶✶✶✶✶✶✶✶✶✶✶✶✶✶✶✶✶✶✶✶✶✶✶✶✶✶✶

第 55 题

在名为 Form1 的窗体上绘制一个水平滚动条，其名称为 HS1，然后通过属性窗口设置窗体和滚动条的属性，实现如下功能：

（1）窗体标题为"设置属性"。

（2）滚动条所能表示的最小值和最大值分别为 1 和 200。

（3）程序运行后，单击滚动条两端的箭头时，滚动框移动的增量值为 5。

（4）程序运行后，单击滚动框前面或后面的部位时，滚动框移动的增量值为 10。

（5）滚动框的初始位置为 50。

程序的运行情况如下图所示。

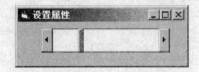

注意：

不要编写任何代码；文件必须存放在考生文件夹中，工程文件名为 execise55.vbp，窗体文件名为 execise55.frm。

✶✶✶✶✶✶✶✶✶✶✶✶✶✶✶✶✶✶✶✶✶✶✶✶✶✶✶✶✶✶✶✶✶✶✶✶✶✶

第 56 题

在名为 Form1 的窗体上绘制两个文本框，名称分别为 Text1 和 Text2，它们都显示垂直滚动条和水平滚动条，都可以显示多行文本；再绘制一个命令按钮，名为 Cmd1，标题为 Copy（如下图所示）。请编写适当的事件过程，使得在运行时，在 Text1 中输入文本后，单击 Copy 按钮，就把 Text1 中的文本全部复制到 Text2 中。

注意：

程序中不得使用任何变量；文件必须存放在考生文件夹中，工程文件名为 execise56.vbp，窗体文件名为 execise56.frm。

★★★

第 57 题

在名为 Form1 的窗体上绘制两个标签（名称分别为 Lab1 和 Lab2，标题分别为"姓名"和"年龄"）、两个文本框（名称分别为 Text1 和 Text2，Text 属性均为空白）和一个命令按钮（名称为 Cmd1，标题为 Display）。然后编写命令按钮的 Click 事件过程，使程序运行后，在两个文本框中分别输入姓名和年龄，然后单击命令按钮，则在窗体上显示两个文本框中的内容，如下图所示。

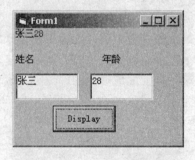

注意：

程序中不得使用任何变量；文件必须存放在考生文件夹中，工程文件名为 execise57.vbp，窗体文件名为 execise57.frm。

★★★

第 58 题

在名为 Form1 的窗体上绘制一个文本框（名称为 Text1）和一个水平滚动条（名称为 HS1）。在属性窗口中对滚动条设置如下属性：

Min   500
Max   2000
LargeChange   50
SmallChange   20

编写适当的事件过程，使程序运行后，若移动滚动条上的滚动框，则可扩大或缩小文本框的高度，并使得文本框的宽度始终是其高度的 1.2 倍。运行后的窗体如下图所示。

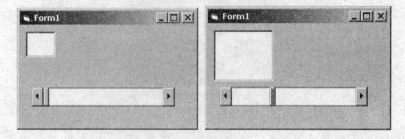

注意：

要求程序中不得使用任何变量；文件必须存放在考生文件夹中，工程文件名为

execise58.vbp，窗体文件名为 execise58.frm。

☆☆☆☆☆☆☆☆☆☆☆☆☆☆☆☆☆☆☆☆☆☆☆☆☆☆☆☆☆☆☆☆☆☆☆☆

第 59 题

在名为 Form1 的窗体上绘制一个标签，其名称为 Lab1，然后通过属性窗口设置窗体和标签的属性，实现如下功能：

（1）窗体标题为"设置标签属性"。

（2）标签的位置为：距窗体左边界 500，距窗体顶边界 300。

（3）标签的标题为"等级考试"。

（4）标签可以根据标题的内容自动调整其大小。

（5）标签带有边框。

程序的运行情况如下图所示。

注意：

不编写任何代码；文件必须存放在考生文件夹中，工程文件名为 execise59.vbp，窗体文件名为 execise59.frm。

☆☆☆☆☆☆☆☆☆☆☆☆☆☆☆☆☆☆☆☆☆☆☆☆☆☆☆☆☆☆☆☆☆☆☆☆

第 60 题

在名为 Form1 的窗体中建立一个弹出式菜单（程序运行时不显示），名为 vbFile，含两个菜单项，其名称分别为 vbSave、vbOpen，标题分别为"保存"、"打开"。编写适当的事件过程，使程序运行后，若用鼠标右键单击窗体，则弹出此菜单（如下图所示）。

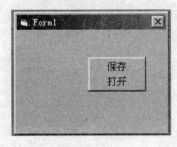

注意：

程序中不能使用变量；文件必须存放在考生文件夹中，工程文件名为 execise60.vbp，窗体文件名为 execise60.frm。

★★

第 61 题

在名为 Form1 的窗体上建立一个名为 Text1 的文本框；一个名为 Cmd1，标题为"输出"的命令按钮（如下图所示）。

要求程序运行后，在文本框中任意输入一个字符串，然后单击"输出"按钮，则将文本框中的文字显示在窗体上。

注意：

在程序中不能使用任何变量；文件必须存放在考生文件夹中，窗体文件名为 execise61.frm，工程文件名为 execise61.vbp。

★★

第 62 题

在名为 Form1 的窗体上建立一个名为 Lab1 的标签；两个名称分别为 Cmd1 和 Cmd2，标题分别为"显示 1"和"显示 2"的命令按钮。编写适当的事件过程，使程序运行后，若单击"显示 1"命令按钮，则在标签上显示字符串 Cmd1；如果单击"显示 2"命令按钮，则在标签上显示字符串 Cmd2。如下图所示。

注意：

不要使用任何变量，直接显示字符串；文件必须存放在考生文件夹中，窗体文件名为 execise62.frm，工程文件名为 execise62.vbp。

★★

第 63 题

在名为 Form1 的窗体上绘制一个文本框，名为 Text1；再绘制两个命令按钮，名称分别为 Cmd1 和 Cmd2，标题分别为 Hide 和 Display，如下图所示。请编写适当的事件过程，使得在运行时，若单击 Hide 按钮，则文本框消失，而如果单击 Display 按钮，则文本框显示出来。

注意：

程序中不得使用任何变量；文件必须存放在考生文件夹中，工程文件名为 execise63.vbp，窗体文件名为 execise63.frm。

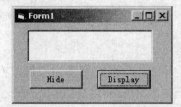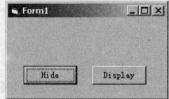

☆☆☆☆☆☆☆☆☆☆☆☆☆☆☆☆☆☆☆☆☆☆☆☆☆☆☆☆☆☆☆☆☆☆☆☆

第 64 题

在窗体上绘制一个文本框，名为 Text1，Text 属性为空白；再绘制一个列表框，名为 List1，通过属性窗口向列表框中添加 4 个项目，分别为 Item1、Item2、Item3 和 Item4。编写适当的事件过程，使程序运行后，在文本框中输入一个字符串，若双击列表框中的任一项，则把文本框中的字符串添加到列表框中。程序的运行情况如下图所示。

注意：

文件必须存放在考生文件夹中，工程文件名为 execise64.vbp，窗体文件名为 execise64.frm。

☆☆☆☆☆☆☆☆☆☆☆☆☆☆☆☆☆☆☆☆☆☆☆☆☆☆☆☆☆☆☆☆☆☆☆☆

第 65 题

在窗体上建立二级菜单，第一级含 2 个菜单项，标题分别为"文件"和"帮助"，名称分别为 vbFile、vbHelp，其中"帮助"菜单含有一个子菜单，共有 3 个菜单项，它们的标题依次为"Visual Basic 帮助"、"关于 Visual Basic"、"与我们联系"，它们的名称分别为 vbHelpyou、vbAbout 和 vbMail（如下图所示）。

注意：

·　文件必须存放在考生文件夹中，工程文件名为 execise65.vbp，窗体文件名为 execise65.frm。

☆☆☆☆☆☆☆☆☆☆☆☆☆☆☆☆☆☆☆☆☆☆☆☆☆☆☆☆☆☆☆☆☆☆☆☆

第 66 题

在名为 Form1 的窗体上绘制一个文本框，名为 Text1，字体为"宋体"，文本框中的初始内容为 Visual Basic；再绘制一个命令按钮，名为 Cmd1，标题为"改变字体为黑体"。请编写适当事件过程，使得在运行时，单击命令按钮，则把文本框中文字的字体改为黑体（如下图所示）。

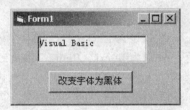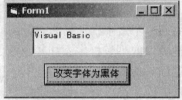

注意：

程序中不得使用任何变量；文件必须存放在考生文件夹中，工程文件名为 execise66.vbp，窗体文件名为 execise66.frm。

☆☆☆☆☆☆☆☆☆☆☆☆☆☆☆☆☆☆☆☆☆☆☆☆☆☆☆☆☆☆☆☆☆☆☆☆

第 67 题

在窗体上绘制一个文本框（名称为 Text1）和一个命令按钮（名称为 Cmd1，标题为 Display）。请编写 Cmd1 的 Click 事件过程，使得在程序运行后，按 Esc 键就调用这个事件过程且在文本框中显示 Visual Basic，程序运行结果如下图所示。

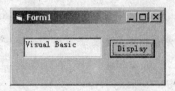

注意：

在程序中不能使用任何变量；文件必须存放在考生文件夹中，工程文件名为 execise67.vbp，窗体文件名为 execise67.frm。

☆☆☆☆☆☆☆☆☆☆☆☆☆☆☆☆☆☆☆☆☆☆☆☆☆☆☆☆☆☆☆☆☆☆☆☆

第 68 题

在名为 Form1 的窗体上绘制一个文本框，名为 Text1，无初始内容；再绘制一个图片框，名为 Pic1。请编写 Text1 的 Change 事件过程，使得在运行时，在文本框中每输入一个字符，就在图片框中输出一行文本框中的完整内容。运行时的窗体如下图所示。

注意：

程序中不能使用任何变量；文件必须存放在考生文件夹中，工程文件名为 execise68.vbp，窗体文件名为 execise68.frm。

☆☆☆☆☆☆☆☆☆☆☆☆☆☆☆☆☆☆☆☆☆☆☆☆☆☆☆☆☆☆☆☆☆☆☆☆

第 69 题

在名为 Form1 的窗体上绘制一个标签（名称为 Lab1，标题为 Input）、一个文本框（名称为 Text1，Text 属性为空白）和一个命令按钮（名称为 Cmd1，标题为 Display）。请编写命令按钮的 Click 事件过程，使程序运行后，在文本框中输入 Visual Basic，然后单击命令按钮，则标签和文本框消失，并在窗体上显示文本框中的内容。运行后的窗体如下图所示。

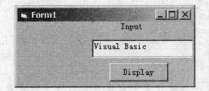 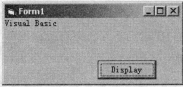

注意：

要求程序中不得使用任何变量；文件必须存放在考生文件夹中，工程文件名为 execise69.vbp，窗体文件名为 execise69.frm。

☆☆☆☆☆☆☆☆☆☆☆☆☆☆☆☆☆☆☆☆☆☆☆☆☆☆☆☆☆☆☆☆☆☆☆☆

第 70 题

在名为 Form1 的窗体上绘制一个文本框，名为 Text1，其宽度为 1000；再绘制一个水平滚动条，名为 HS1。其刻度值的范围是 1000～2000。请编写滚动条的 Change 事件过程，使程序运行后，若移动滚动框，则可按照滚动条的刻度值改变文本框的宽度。运行时的窗体如下图所示。

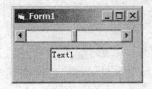

31

注意：

程序中不能使用任何变量，事件过程中只能写一条语句；文件必须存放在考生文件夹中，工程文件名为 execise70.vbp，窗体文件名为 execise70.frm。

☆☆

第 71 题

在名为 Form1 的窗体上绘制一个文本框，其名称为 Text1，然后通过属性窗口设置窗体和文本框的属性，实现如下功能：

（1）在文本框中可以显示多行文本。

（2）在文本框中显示垂直滚动条。

（3）文本框中显示的初始信息为"计算机等级考试"。

（4）文本框中显示的字体为三号规则黑体。

（5）窗体的标题为"设置文本框属性"。

完成设置后的窗体如下图所示。

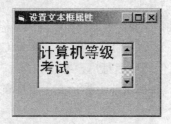

注意：

不编写任何代码；文件必须存放在考生文件夹中，工程文件名为 execise71.vbp，窗体文件名为 execise71.frm。

☆☆

第 72 题

在 Form1 的窗体上绘制一个名为 Text1 的文本框，然后建立一个主菜单，标题为"操作"，名为 vbOp，该菜单有两个菜单项，其标题分别为"显示"和"隐藏"，名称分别为 vbDis 和 vbHide。编写适当的事件过程，使程序运行后，若单击"操作"菜单中的"显示"命令，则在文本框中显示 Visual Basic；如果单击"隐藏"命令，则隐藏文本框。程序的运行情况如下图所示。

注意：

程序中不得使用任何变量；文件必须存放在考生文件夹中，工程文件名为

execise72.vbp，窗体文件名为 execise72.frm。

★★★★★★★★★★★★★★★★★★★★★★★★★★★★★★★★★★★★★★★

第 73 题

在名为 Form1 的窗体上绘制一个命令按钮，其名称为 Cmd1，然后通过属性窗口设置窗体和命令按钮的属性，实现如下功能：

（1）窗体标题为"设置按钮属性"。

（2）命令按钮的标题为"计算机等级考试"。

（3）程序运行后，命令按钮不显示。

（4）命令按钮的标题用三号规格黑体显示。

程序的运行情况如下图所示。

注意：

不编写任何代码；文件必须存放在考生文件夹中，工程文件名为 execise73.vbp，窗体文件名为 execise73.frm。

★★★★★★★★★★★★★★★★★★★★★★★★★★★★★★★★★★★★★★★

第 74 题

在名为 Form1 的窗体上绘制一个命令按钮（标题为 Cmd1）和一个垂直滚动条，其名称分别为 Cmd1 和 VS1。编写适当的事件过程，使程序运行后，若单击命令按钮，则按如下要求设置垂直滚动条的属性：

Max = 窗体高度

Min = 0

LargeChange = 50

SmallChange = 10

如果移动垂直滚动条的滚动框，则在窗体上显示滚动框的位置值。程序的运行情况如下图所示。

注意：

不得使用任何变量；文件必须存放在考生文件夹中，工程文件名为 execise74.vbp，窗体文件名为 execise74.frm。

★★

第 75 题

在名为 Form1 的窗体上绘制两个命令按钮，其名称分别为 Cmd1 和 Cmd2，标题分别为 Cmd1 和 Cmd2。编写适当的事件过程，使程序运行后，Cmd2 按钮隐藏，此时如果单击 Cmd1 按钮，则 Cmd2 按钮出现，Cmd1 按钮隐藏；而如果单击 Cmd2 按钮，则 Cmd1 按钮出现，Cmd2 按钮隐藏。程序的运行情况如下图所示。

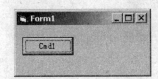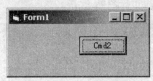

注意：

程序中不得使用变量；文件必须存放在考生文件夹中，工程文件名为 execise75.vbp，窗体文件名为 execise75.frm。

★★

第 76 题

在名为 Form1 的窗体上绘制一个文本框，其名称为 Text1，初始内容为空白；然后再绘制 3 个单选按钮，其名称分别为 Opt1、Opt2 和 Opt3，标题分别为"体育"、"音乐"和"美术"。编写适当的事件过程，使程序运行后，若选择单选按钮"体育"，则在文本框中显示"90"；如果选择单选按钮"音乐"，则在文本框中显示"89"；如果选择单选按钮"美术"，则在文本框中显示"80"。程序的运行情况如下图所示。

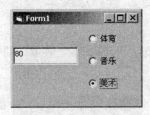

注意：

程序中不得使用变量，事件过程中只能写一条语句；文件必须存放在考生文件夹中，工程文件名为 execise76.vbp，窗体文件名为 execise76.frm。

★★

第 77 题

在名为 Form1 的窗体上建立一个名为 Cmd1、标题为"显示"的命令按钮。编写适当的事件过程，使程序运行后，若单击"显示"命令按钮，则在窗体上显示"计算机等级考试 Visual Basic 课程"。程序运行情况如下图所示。

注意：

不要使用任何变量，直接显示字符串；文件必须存放在考生文件夹中，窗体文件名为 execise77.frm，工程文件名为 execise77.vbp。

★★★

第 78 题

在名为 Form1 的窗体上建立一个名为 HS1 的水平滚动条，其最大值为 200，最小值为 0。要求程序运行后，每次移动滚动框时，都执行语句 Form1.Print HS1.Value（如下图所示）。

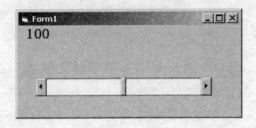

注意：

程序中不能使用任何其他变量；文件必须存放在考生文件夹中，窗体文件名为 execise78.frm，工程文件名为 execise78.vbp。

★★★

第 79 题

在 Form1 的窗体上绘制一个名为 Lab1 的标签框，设置相关属性，使标签有框架。然后建立一个主菜单，标题为"操作"，名为 vbOp，该菜单有两个菜单项，其标题分别为"显示"和"隐藏"，名称分别为 vbDis 和 vbHide。编写适当的事件过程，程序运行后，若单击"操作"菜单中的"显示"命令，则在标签框中显示 Visual Basic；如果单击"隐藏"命令，则隐藏标签框。程序的运行情况如下图所示。

 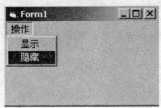

注意：

程序中不得使用任何变量；文件必须存放在考生文件夹中，工程文件名为 execise79.vbp，窗体文件名为 execise79.frm。

★★

第 80 题

在 Form1 的窗体上绘制一个列表框，名为 List1，通过属性窗口向列表框中添加 4 个项目，分别为 Item1、Item2、Item3 和 Item4。编写适当的事件过程，使程序运行后，若双击列表框中的某一项，则把该项添加到列表框中。程序的运行情况如下图所示。

注意：

过程中只能使用一条命令；文件必须存放在考生文件夹中，工程文件名为 execise80.vbp，窗体文件名为 execise80.frm。

★★

第 81 题

在窗体上绘制一个名为 Pic1 的图片框和一个名为 Cmd1、标题为"显示"的命令按钮。编写适当的事件过程，使程序运行后，若单击"显示"命令按钮，则在图片框中显示"图片框 1"，运行结果如下图所示。

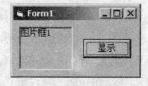

注意：

不要使用任何变量，直接显示字符串；文件必须存放在考生文件夹中，窗体文件名为 execise81.frm，工程文件名为 execise81.vbp。

★★

第 82 题

在 Form1 的窗体上绘制一个命令按钮，名为 Cmd1，标题为"没有单击按钮"。请编写适当的事件过程，使得在运行时，若单击"没有单击按钮"按钮，则按钮的标题改为"已经单击按钮"。程序的运行情况如下图所示。

注意：

程序中不得使用任何变量；文件必须存放在考生文件夹中，工程文件名为 82.vbp，窗体文件名为 82.frm。

☆☆☆☆☆☆☆☆☆☆☆☆☆☆☆☆☆☆☆☆☆☆☆☆☆☆☆☆☆☆☆☆☆☆☆☆

第 83 题

在名为 Form1 窗体上绘制一个命令按钮，其名称为 Cmd1，标题为 Clear。编写适当的事件过程，使程序运行后，若单击命令按钮，则清除窗体的标题。程序运行结果如下图所示。

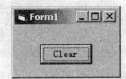 

注意：

文件必须存放在考生文件夹中，工程文件名为 execise83.vbp，窗体文件名为 execise83.frm。

☆☆☆☆☆☆☆☆☆☆☆☆☆☆☆☆☆☆☆☆☆☆☆☆☆☆☆☆☆☆☆☆☆☆☆☆

第 84 题

请在名为 Form1 窗体上绘制一个命令按钮，名为 Cmd1，标题为"按钮"。请编写适当的事件过程，使得在运行时单击"按钮"按钮，则在窗体上显示"单击按钮"（如下图所示）。

注意：

程序中不得使用任何变量；文件必须存放在考生文件夹中，工程文件名为 execise84.vbp，窗体文件名为 execise84.frm。

✫✫✫✫✫✫✫✫✫✫✫✫✫✫✫✫✫✫✫✫✫✫✫✫✫✫✫✫✫✫✫✫✫✫✫✫✫✫

第 85 题

在名为 Form1 的窗体上建立一个名为 Cmd1 的命令按钮数组，含 3 个命令按钮，它们的 Index 属性分别为 0、1、2，标题依次为 Yes、No 和 Cancle，每个按钮的高、宽均为 400、700。窗体的标题为"Cmd 窗口"。运行后的窗体如下图所示。

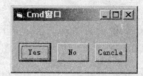

注意：文件必须存放在考生文件夹中，工程文件名为 execise85.vbp，窗体文件名为 execise85.frm。

✫✫✫✫✫✫✫✫✫✫✫✫✫✫✫✫✫✫✫✫✫✫✫✫✫✫✫✫✫✫✫✫✫✫✫✫✫✫

第 86 题

在名为 Form1 的窗体上绘制一个图片框，名为 Pic1。请编写适当的事件过程，使得在运行时，每单击图片框一次，就在图片框中输出"单击 Pic1"一次；每单击图片框外的窗体一次，就在窗体中输出"单击 Form"一次。运行时的窗体如下图所示。

注意：

要求程序中不得使用变量，每个事件过程中只能写一条语句；文件必须存放在考生文件夹中，工程文件名为 execise86.vbp，窗体文件名为 execise86.frm。

✫✫✫✫✫✫✫✫✫✫✫✫✫✫✫✫✫✫✫✫✫✫✫✫✫✫✫✫✫✫✫✫✫✫✫✫✫✫

第 87 题

在名为 Form1 的窗体上绘制一个名为 Lab1 的标签，标题为"确认"；再绘制两个命令按钮，名称分别为 Cmd1 和 Cmd2，标题分别为 Yes 和 No，高均为 400、宽均为 1000，如下图所示。

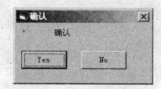

请在属性窗口中设置适当属性满足以下要求；

（1）窗体标题为"确认"，窗体标题栏上不显示最大化和最小化按钮。

（2）在任何情况下，按回车键都相当于单击 Yes 按钮；按 Esc 键都相当于单击 No 按钮。

注意：

文件必须存放在考生文件夹中，工程文件名为 execise87.vbp，窗体文件名为 execise87.frm。

＊＊＊＊＊＊＊＊＊＊＊＊＊＊＊＊＊＊＊＊＊＊＊＊＊＊＊＊＊＊＊＊＊＊＊＊＊

第 88 题

在名为 Form1 的窗体上绘制两个文本框，名称分别为 Text1 和 Text2，均无初始内容。

要求：

（1）通过属性窗口设置适当的属性，使 Text1 和 Text2 中显示的文本的字体为"黑体"。

（2）编写适当的事件过程，使得在 Text1 中输入每一个字符时，立即在 Text2 中显示 Text1 中的内容，如下图所示。

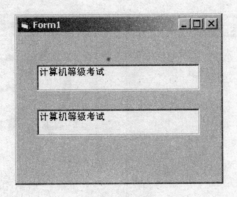

注意：

要求程序中不得使用变量，事件过程中只能写一条语句；文件必须存放在考生文件夹中，工程文件名为 execise88.vbp，窗体文件名为 execise88.frm。

＊＊＊＊＊＊＊＊＊＊＊＊＊＊＊＊＊＊＊＊＊＊＊＊＊＊＊＊＊＊＊＊＊＊＊＊＊

第 89 题

在名为 Form1 的窗体上绘制一个标签，名为 Lab1，标签上显示"请输入密码"；在标签的右边绘制一个文本框，名为 Text1，其宽、高分别为 1500 和 300。设置适当的属性使得在输入密码时，文本框中显示"*"字符，此外再把窗体的标题设置为"PassWord 窗口"。运行时的窗体如下图所示。

注意：

以上设置都只能在属性窗口中进行设置；文件必须存放在考生文件夹中，工程文件名为 execise89.vbp，窗体文件名为 execise89.frm。

★★★★★★★★★★★★★★★★★★★★★★★★★★★★★★★★★★★★★★

第 90 题

在名为 Form1 的窗体上绘制一个文本框（名称为 Text1，Text 属性为"京"，Font 属性为"宋体"）和一个水平滚动条（名称为 HS1）。在属性窗口中对滚动条设置如下属性：

Min	10
Max	100
LargeChange	5
SmallChange	2

编写适当的事件过程，使程序运行后，若移动滚动条上的滚动框，则可扩大或缩小文本框中的"京"字。运行后的窗体如下图所示。

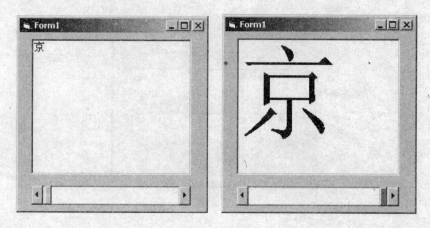

注意：

程序中不得使用任何变量；文件必须存放在考生文件夹中，工程文件名为 execise90.vbp，窗体文件名为 execise90.frm。

★★★★★★★★★★★★★★★★★★★★★★★★★★★★★★★★★★★★★★

第 91 题

在名为 Form1 的窗体上绘制一个文本框，名为 Text1，字体为"宋体"，文本框中的初始内容为"计算机等级考试"；再绘制一个命令按钮，名为 Cmd1，标题为"改变字体"。请编写适当事件过程，使得在运行时，单击命令按钮，则把文本框中文字的字体改为"隶书"。运行后的窗体如下图所示。

注意：

程序中不得使用任何变量；文件必须存放在考生文件夹中，工程文件名为 execise91.vbp，窗体文件名为 execise91.frm。

☆☆

第 92 题

在名为 Form1 的窗体上绘制一个图片框（名称为 Pic1）、一个水平滚动条（名称为 HS1）和一个命令按钮（名称为 Cmd1，标题为"设置属性"），通过属性窗口在图片框中装入一个图形（文件名为 pic1.jpg），图片框的高度与图形的高度相同，图片框的宽度任意。编写适当的事件过程，使程序运行后，若单击命令按钮，则设置水平滚动条的如下属性：

Min   100
Max   2000
LargeChange   100
SmallChange   10

随后就可以通过移动滚动条上的滚动框来放大或缩小图片框的宽度。运行后的窗体如下图所示。

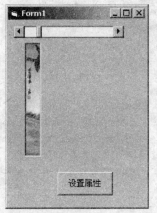

注意：

程序中不得使用任何变量；文件必须存放在考生文件夹中，工程文件名为 execise92.vbp，窗体文件名为 execise92.frm。

☆☆

第 93 题

在名为 Form1 的窗体上绘制一个名为 Text1 的文本框，其高、宽分别为 400、2000。

请在属性框中设置适当的属性满足以下要求：

（1）Text1 的字体为"黑体"，字号为"四号"。

（2）窗体的标题为"输入"，不显示最大化按钮和最小化按钮。

运行后的窗体如下图所示。

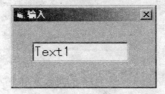

注意：

文件必须存放在考生文件夹中，工程文件名为 execise93.vbp，窗体文件名为 execise93.frm。

★★

第 94 题

在名为 Form1 窗体上建立一个二级菜单，第一级含 2 个菜单项，标题分别为"编辑"和"帮助"，名称分别为 vbEdit 和 vbHelp。其中"编辑"菜单含有子菜单，共有 3 个菜单项，其标题依次为"剪切"、"复制"和"粘贴"，名称分别为 vbCut、vbCopy 和 vbPaste，如下图所示。

注意：

文件必须存放在考生文件夹中，工程文件名为 execise94.vbp，窗体文件名为 execise94.frm。

★★

第 95 题

在名为 Form1 的窗体上建立一个二级下拉菜单（菜单项见下表）。

第一级	第二级	名称	有效性
文件		vbFile	有效
	打开	vbOpen	有效
	关闭	vbClose	无效

运行时的窗体如下图所示。

注意：

文件必须存放在考生文件夹中，工程文件名为 execise95.vbp，窗体文件名为 execise95.frm。

✮✮✮

第 96 题

在名为 Form1 的窗体上绘制一个名为 Com1 的组合框，其高度为 120，其类型如下图所示（即简单组合框）。

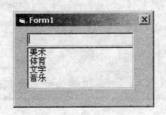

要求：

（1）请按图中所示，通过属性窗口输入"美术"、"体育"、"文学"和"音乐"。

（2）设置适当的属性，使得运行时，窗体的最大化按钮和最小化按钮消失。

注意：

文件必须存放在考生文件夹中，工程文件名为 execise96.vbp，窗体文件名为 execise96.frm。

✮✮✮

第 97 题

在名为 Form1 的窗体上绘制一个列表框，其名称为 List1；一个水平滚动条，其名称为 HS1，smallChange 属性为 5，LargeChange 属性为 10，Min 属性为 1，Max 属性为 200。编写适当的事件过程，使程序运行后，若把滚动框滚到某个位置，然后单击窗体，则在列表框中添加一个项目，其内容是"××"，其中××是滚动框所在的位置，如下图所示。

注意：

程序中不要使用变量；文件必须存放在考生文件夹中，工程文件名为 execise97.vbp，窗体文件名为 execise97.frm。

★★

第 98 题

在名为 Form1 的窗体上绘制一个水平滚动条，其名称为 HS1，设置滚动框 Min 属性为 1000，Max 属性为 2000，LargeChange 属性为 100，SmallChange 属性为 2；然后再绘制一个文本框，其名称为 Text1，初始内容为空白。编写适当的事件过程，使程序运行后，移动滚动框，则在文本框中显示滚动框的当前位置。程序的运行情况如下图所示。

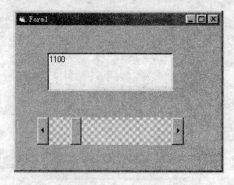

注意：

不得使用任何变量；文件必须存放在考生文件夹中，工程文件名为 execise98.vbp，窗体文件名为 execise98.frm。

★★

第 99 题

在名为 Form1 的窗体上绘制一个命令按钮（标题为 Cmd1）和一个水平滚动条，其名称分别为 Cmd1 和 HS1。编写适当的事件过程，使程序运行后，若单击命令按钮，则按如下要求设置水平滚动条的属性：

Max = 窗体宽度

Min = 0

LargeChange = 50

SmallChange = 10

如果移动水平滚动条的滚动框，则在窗体上显示滚动框的位置值。程序的运行情况如下图所示。

注意：

不得使用任何变量；文件必须存放在考生文件夹中，工程文件名为 execise99.vbp，窗体文件名为 execise99.frm。

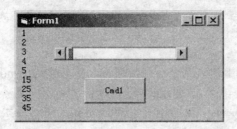

✮✮

第 100 题

在名为 Form1 的窗体上绘制一个命令按钮，其名称为 Cmd1，标题为 Move，位于窗体的右下部。编写适当的事件过程，使程序运行后，每单击一次窗体，都使得命令按钮同时向左、向上移动 100。程序的运行情况如下图所示。

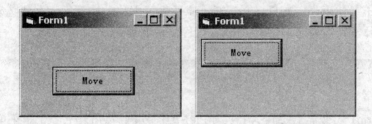

注意：

不得使用任何变量；文件必须存放在考生文件夹中，工程文件名为 execise100.vbp，窗体文件名为 execise100.frm。

✮✮

第 101 题

在名为 Form1 的窗体上建立一个名为 Cmd1，宽度为 1000、高度为 500，标题为"显示"的命令按钮。编写适当的事件过程，使程序运行后，若单击"显示"命令按钮，则在窗体上显示"计算机等级考试"。运行结果如下图所示。

注意：

不要使用任何变量，直接显示字符串；文件必须存放在考生文件夹中，窗体文件名为 execise101.frm，工程文件名为 execise101.vbp。

★★

第 102 题

在名为 Form1 的窗体上建立两个命令按钮，名称分别为 Cmd1 和 Cmd2，标题分别为"命令按钮 1"和"命令按钮 2"。要求程序运行后，若单击"命令按钮 2"按钮，则把"命令按钮 1"按钮移到"命令按钮 2"按钮上，使两个按钮重合。运行结果如下图所示。

注意：

在程序中不得使用任何变量（必须通过属性设置来移动控件）；文件必须存放在考生文件夹中，窗体文件名为 execise102.frm，工程文件名为 execise102.vbp。

★★

第 103 题

在名为 Form1 的窗体上绘制一个名为 Pic1 的图片框，然后建立一个主菜单，标题为"操作"，名为 vbOp，该菜单有两个菜单项，其标题分别为"显示"和"清除"，名称分别为 vbDis 和 vbClear。编写适当的事件过程，使程序运行后，若单击"操作"菜单中的"显示"命令，则在图片框中显示 Visual Basic；如果单击"清除"命令，则清除图片框中的信息。程序的运行情况如下图所示。

 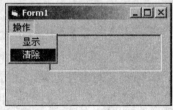

注意：

程序中不得使用任何变量；文件必须存放在考生文件夹中，工程文件名为 103.vbp，窗体文件名为 103.frm。

★★

第 104 题

在名为 Form1 的窗体上绘制一个文本框，名为 Text1；再绘制两个命令按钮，名称分别为 Cmd1 和 Cmd2，标题分别为"左移"和"右移"。请编写适当的事件过程，使得在运行时，单击"左移"按钮，则文本框水平移动到窗体的最左端，单击"右移"按钮，则文本框水平移动到窗体的最右端。程序运行情况见下图。

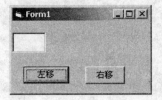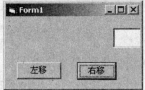

注意：

程序中不得使用任何变量；文件必须存放在考生文件夹中，工程文件名为 execise104.vbp，窗体文件名为 execise104.frm。

★★★★★★★★★★★★★★★★★★★★★★★★★★★★★★★★★★★★★★★

第 105 题

在名为 Form1 的窗体上绘制一个列表框，名为 List1，高为 780、宽为 1500，字体为"楷体_GB2312"，并通过属性窗口为其添加 3 个列表项，依次为 Item1、Item2 和 Item3（如下图所示）。

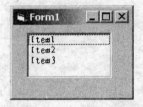

注意：

文件必须存放在考生文件夹中，工程文件名为 execise105.vbp，窗体文件名为 execise105.frm。

★★★★★★★★★★★★★★★★★★★★★★★★★★★★★★★★★★★★★★★

第 106 题

在名为 Form1 窗体上绘制一个文本框，其名称为 Text1，Text 属性为空白。再绘制一个命令按钮，其名称为 Cmd1，标题为 Cmd1，使其不可见。编写适当的事件过程，使程序运行后，若在文本框中输入字符，则命令按钮出现。程序运行情况如下图所示。

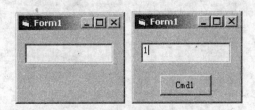

注意：

程序中不得使用任何变量；文件必须存放在考生文件夹中，工程文件名为 execise106.vbp，窗体文件名为 execise106.frm。

☆☆☆☆☆☆☆☆☆☆☆☆☆☆☆☆☆☆☆☆☆☆☆☆☆☆☆☆☆☆☆☆☆☆☆☆☆☆☆

第 107 题

在名为 Form1 的窗体上绘制一个图片框，名为 Pic1，高为 1800、宽为 1600，通过属性窗口把考生目录下的图像文件 pic1.bmp 放到图片框中（如下图所示）。

注意：

文件必须存放在考生文件夹中，工程文件名为 execise107.vbp，窗体文件名为 execise107.frm。

☆☆☆☆☆☆☆☆☆☆☆☆☆☆☆☆☆☆☆☆☆☆☆☆☆☆☆☆☆☆☆☆☆☆☆☆☆☆☆

第 108 题

在名为 Form1 的窗体上绘制一个图片框（名称为 Pic1）、一个垂直滚动条（名称为 VS1）和一个命令按钮（名称为 Cmd1，标题为"设置属性"），通过属性窗口把考生目录下的图像文件 Pic1.jpg 放到图片框中，图片框的宽度与图形的宽度相同，图片框的高度任意。编写适当的事件过程，使程序运行后，若单击命令按钮，则设置垂直滚动条的如下属性：

Min	100
Max	2000
LargeChange	100
SmallChange	10

随后就可以通过移动滚动条上的滚动框来放大或缩小图片框的高度。运行后的窗体如下图所示。

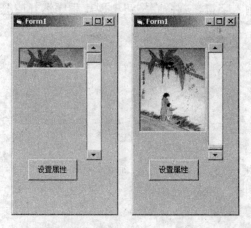

注意：

程序中不得使用任何变量；文件必须存放在考生文件夹中，工程文件名为 108.vbp，窗体文件名为 108.frm。

★★★★★★★★★★★★★★★★★★★★★★★★★★★★★★★★★★★★★★★

第 109 题

在名为 Form1 的窗体上绘制一个标签，名为 Lab1，标题为"体育生活"；再绘制一个名为 Chk1 的复选框数组，含 3 个复选框，它们的 Index 属性分别为 0、1、2，标题依次为"足球"、"篮球"和"排球"，请设置复选框的属性，使其初始状态如下表所示。

足球	选中	可用
篮球	未选中	不可用
排球	未选中	可用

运行后的窗体如下图所示。

注意：

文件必须存放在考生文件夹中，工程文件名为 execise109.vbp，窗体文件名为 execise109.frm。

★★★★★★★★★★★★★★★★★★★★★★★★★★★★★★★★★★★★★★★

第 110 题

在名为 Form1 的窗体上绘制两个文本框，名称分别为 Text1 和 Text2；再绘制两个命令按钮，名称分别为 Cmd1 和 Cmd2，标题分别为 Left 和 Right，如下图所示。

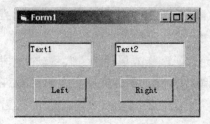

要求：

（1）编写适当的事件过程，使得程序运行时，单击 Left 按钮，则焦点位于 Text1 上。

（2）单击 Right 按钮，则焦点位于 Text2 上。

注意：

程序中不得使用变量，事件过程中只能写一条语句；文件必须存放在考生文件夹中，工程文件名为 execise110.vbp，窗体文件名为 execise110.frm。

★★★

第 111 题

在名为 Form1 的窗体上绘制一个标签，其名称为 Lab1，标题为"计算机等级考试"，BorderStyle 属性为 1，可以根据标题自动调整大小；再绘制一个命令按钮，其名称和标题均为 Cmd1。编写适当的事件过程，使程序运行后，如果单击命令按钮，则标签消失，同时用标签的标题作为命令按钮的标题。程序运行情况如下图所示。

注意：

文件必须存放在考生文件夹中，工程文件名为 execise111.vbp，窗体文件名为 execise111.frm。

★★★

第 112 题

在名为 Form1 的窗体上绘制一个文本框，其名称为 Text1。编写适当的事件过程，程序运行后，若单击窗体，则可使文本框移到窗体的左上角；而如果在文本框中输入信息，则可使文本框移到窗体的右上角。程序的运行情况如下图所示。

注意：

不得使用任何变量，只允许通过修改属性的方式移动文本框；文件必须存放在考生文件夹中，工程文件名为 execise112.vbp，窗体文件名为 execise112.frm。

★★★

第 113 题

在名为 Form1 的窗体上绘制一个名为 HS1 的水平滚动条，请在属性窗口中设置它的属性值，满足以下要求：它的最大刻度值为 200，最小刻度值为 100，在运行时鼠标单击滚动条上滚动框以外的区域（不包括两边按钮），滚动框移动 10 个刻度。再在滚动条下面绘制两个名称分别为 Lab1 和 Lab2 的标签，并分别显示 100 和 200，运行时的窗体如下图所示。

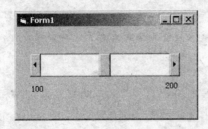

注意：

文件必须存放在考生文件夹中，工程文件名为 execise113.vbp，窗体文件名为 execise113.frm。

☆☆☆☆☆☆☆☆☆☆☆☆☆☆☆☆☆☆☆☆☆☆☆☆☆☆☆☆☆☆☆☆☆☆☆

第 114 题

在 Form1 的窗体上绘制一个命令按钮，名为 Cmd1，标题为 Display，按钮隐藏。编写适当的事件过程，使程序运行后，若单击窗体，则命令按钮出现；此时如果单击命令按钮，则在窗体上显示 Visual Basic。程序运行情况如下图所示。

注意：

程序中不得使用任何变量；文件必须存放在考生文件夹中，工程文件名为 execise114.vbp，窗体文件名为 execise114.frm。

☆☆☆☆☆☆☆☆☆☆☆☆☆☆☆☆☆☆☆☆☆☆☆☆☆☆☆☆☆☆☆☆☆☆☆

第 115 题

在名为 Form1 的窗体上用名称为 Shape1 的控件绘制一个正方形，其边长为 1500（即宽和高均为 1500），并设置适当属性，使窗口标题为"正方形"，窗体标题栏上不显示最大化和最小化按钮（如下图所示）。

注意：

文件必须存放在考生文件夹中，工程文件名为 execise115.vbp，窗体文件名为 execise115.frm。

★★★★★★★★★★★★★★★★★★★★★★★★★★★★★★★★★★★★★★

第 116 题

在名为 Form1 的窗体上绘制一个名为 Text1 的文本框控件和一个名为 Timer1 的计时器控件。程序运行后，文本框中显示的是当前的时间，而且每一秒文本框中所显示的时间都会随时间的变化而改变（如下图所示）。

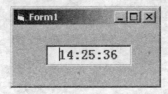

注意：

程序中不得使用任何变量；文件必须存放在考生文件夹中，窗体文件名为 execise116.frm，工程文件名为 execise116.vbp。

★★★★★★★★★★★★★★★★★★★★★★★★★★★★★★★★★★★★★★

第 117 题

在名为 Form1 的窗体上绘制 3 个名称分别为 Cmd1、Cmd2 和 Cmd3，标题分别为"加法"、"减法"和"乘法"的命令按钮。编写适当的事件过程，使程序运行后，若单击"加法"按钮，则在窗体上显示"50+30=80"；如果单击"减法"按钮，则在窗体上显示"50-30=20"；如果单击"乘法"按钮，则在窗体上显示"50*30=1500"。程序的运行情况如下图所示。

注意：

程序中不得使用任何变量；文件必须存放在考生文件夹中，窗体文件名为 execise117.frm，工程文件名为 execise117.vbp。

★★★★★★★★★★★★★★★★★★★★★★★★★★★★★★★★★★★★★★

第 118 题

在名为 Form1 的窗体上绘制一个水平滚动条，名为 HS1，最小值为 0、最大值为 80；再绘制 3 个命令按钮，名称分别为 Cmd1、Cmd2 和 Cmd3，标题分别为"左端"、"居中"

和"右端"。编写适当的事件过程，使程序运行后，若单击"左端"命令按钮，则滚动框位于滚动条最左端处；如果单击"居中"命令按钮，则滚动框位于滚动条中间；如果单击"右端"命令按钮，则滚动框位于滚动条最右端处。程序的运行情况如下图所示。

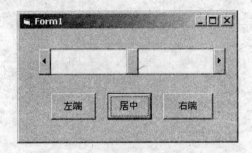

注意：

程序中不得使用任何变量；文件必须存放在考生文件夹中，窗体文件名为 execise118.frm，工程文件名为 execise118.vbp。

★★

第 119 题

在名为 Form1 的窗体上绘制一个标签，名为 Lab1，标题为"请输入一个摄氏温度"；绘制两个文本框，名称分别为 Text1 和 Text2，内容设为空；再绘制一个名为 Cmd1 的命令按钮，其标题为"华氏温度等于"。编写适当的程序，使得单击"华氏温度等于"按钮时，将 Text1 中输入的摄氏温度（c）转换成为华氏温度（f），转换公式为：$f=c*9/5+32$，并显示在 Text2 中。程序运行结果如下图所示。

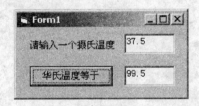

注意：

程序中不得使用任何变量；文件必须存放在考生文件夹中，窗体文件名为 execise119.frm，工程文件名为 execise119.vbp。

★★

第 120 题

在窗体上绘制两个标签，名称分别为 Lab1 和 Lab2，标题分别为"请输入一个正整数 N"和"1+2+3+…+N="；绘制两个文本框，名称分别为 Text1 和 Text2，内容都设为空白；绘制一个命令按钮，名为 Cmd1，标题为"计算"。编写适当的程序，使程序运行时，在 Text1 中输入一个正整数 N，单击"计算"按钮，计算出 1+2+3+…+N 的和显示在 Text2 中。

程序运行结果如下图所示。

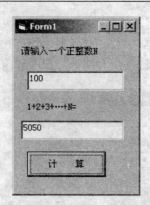

注意：

程序中不得使用任何变量；文件必须存放在考生文件夹中，窗体文件名为 execise120.frm，工程文件名为 execise120.vbp。

＊＊

第二部分 简单应用题

第1题

在考生文件夹中有一个工程文件 execise1.vbp 及其窗体文件 execise1.frm。请在名为 Form1 的窗体上建立一个菜单，主菜单项为"项目"（名称为 vbItem），它有两个子菜单项，其名称分别为 vbAdd 和 vbDelete，标题分别为"添加"和"删除"，然后绘制一个列表框（名称为 List1）和一个文本框（名称为 Text1）。

编写适当的事件过程。程序运行后，如果执行"添加"命令，则从键盘上输入要添加到列表框中的项目（内容任意，不少于 3 个）；如果执行"删除"命令，则从键盘上输入要删除的项目，将其从列表框中删除。程序的运行情况如下图所示。

在考生文件夹中的工程文件 execise1.vbp（相应的窗体文件名为 execise1.frm），可以实现上述功能。但本程序不完整，请补充完整。

注意：

去掉程序中的注释符"'"，把程序中的问号"？"改为适当的内容，使其正确运行，但不得修改程序的其他部分。最后，按原文件名并在原文件夹中保存修改后的文件。

☆☆

第2题

在考生文件夹中有一个工程文件 execise2.vbp 及其窗体文件 execise21.frm 和 execise22.frm，含有 Form1 和 Form2 两个窗体，Form1 为启动窗体。两个窗体上的控件如下图所示。

程序运行后，在 Form1 窗体的文本框中输入有关信息（"密码"框中显示"*"字符），然后单击"提交"按钮则弹出"确认"对话框（即 Form2 窗体），并在对话框中显示输入的信息。单击"确认"按钮则程序结束；单击"重输"按钮，则对话框消失，回到 Form1 窗体。在给出的窗体文件中已经给出了程序，但不完整。

要求：

（1）把 Form1 的标题改为"注册"，把 Form2 的标题改为"确认"。

（2）设置适当的属性，使 Form2 标题栏上的所有按钮消失。

（3）去掉程序中的注释符"'"，把程序中的问号"？"改为正确的内容。

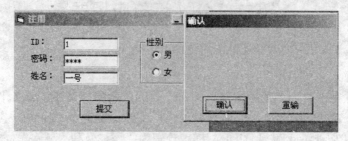

注意：

不能修改程序的其他部分，"标题"等属性的修改只能在属性窗口中进行。最后，按原文件名并在原文件夹中保存修改后的文件。

☆☆☆☆☆☆☆☆☆☆☆☆☆☆☆☆☆☆☆☆☆☆☆☆☆☆☆☆☆☆☆☆☆☆☆☆☆☆

第 3 题

在考生文件夹中有一个工程文件 execise3.vbp 及其窗体文件 execise3.frm。在名为 Form1 的窗体上有一个单选按钮数组，含 3 个单选按钮，均没有标题，请利用属性窗口，为单选按钮依次添加标题："深圳"、"昆明"和"西安"；再添加一个标题为 Display 的命令按钮，如下图所示。

程序功能：在运行时，如果选中一个单选按钮后，单击 Display 按钮，则根据单选按钮的选中情况，在窗体上显示"我的大学在深圳"、"我的大学在昆明"或"我的大学在西安"。

要求：

（1）依次添加单选按钮，标题为"深圳"、"昆明"和"西安"；设初始选中的是"深圳"，添加命令按钮标题为 Display。

（2）去掉程序中的注释符"'"，把程序中的问号"？"改为正确的内容，使其实现上述功能，但不得修改程序的其他部分，也不得修改控件的其他属性。

最后，按原文件名并在原文件夹中保存修改后的文件。

☆☆☆☆☆☆☆☆☆☆☆☆☆☆☆☆☆☆☆☆☆☆☆☆☆☆☆☆☆☆☆☆☆☆☆☆☆☆

第 4 题

在考生文件夹中有一个工程文件 execise4.vbp 及其窗体文件 execise4.frm。在名为 Form1 窗体中有一个文本框，名为 Text1；请在窗体上绘制两个框架，名称分别为 Frame1 和 Frame2，标题分别为"性别"和"身份"；在 Frame1 中绘制两个单选按钮 Opt1 和 Opt2，标题分别为"男"和"女"；在 Frame2 中绘制两个单选按钮 Opt3 和 Opt4，标题分别为"学生"和"老师"；再绘制一个命令按钮，名为 Cmd1，标题为"确定"。如下图所示。

请编写适当的事件过程，使得在运行时，在 Frame1、Frame2 中各选一个单选按钮，然后单击"确定"按钮，就可以按照下表把结果显示在文本框中。

性别	身份	在文本框中显示的内容
男	学生	我是男学生
男	教师	我是男教师
女	学生	我是女学生
女	教师	我是女教师

最后原名保存修改后的文件。

注意：

（1）不得修改窗体文件中已经存在的程序和 Text1 的属性，在结束程序运行之前，必须进行能够产生上表中一个结果的操作。

（2）必须用窗体右上角的关闭按钮结束程序，否则无成绩。

☆☆☆☆☆☆☆☆☆☆☆☆☆☆☆☆☆☆☆☆☆☆☆☆☆☆☆☆☆☆☆☆☆☆☆☆☆

第 5 题

在名为 Form1 的窗体上绘制两个图片框，名称分别为 Pic1 和 Pic2，高度均为 1900，宽度均为 1700，通过属性窗口把图片文件 pic1.bmp 放入 Pic1 中，把图片文件 pic2.jpg 放入 Pic2 中；再绘制一个命令按钮，名为 Cmd1，标题为 Change Picture，如下图所示。编写适当的事件过程，使得在运行时，如果单击命令按钮，则交换两个图片框中的图片。

注意：

程序中不得使用任何变量；文件必须存放在考生文件夹中，工程文件名为 execise5.vbp，窗体文件名为 execise5.frm。

☆☆☆☆☆☆☆☆☆☆☆☆☆☆☆☆☆☆☆☆☆☆☆☆☆☆☆☆☆☆☆☆☆☆☆☆

第 6 题

在考生文件夹中有一个工程文件 execise6.vbp 及其窗体文件 execise6.frm。在名为 Form1 的窗体上有一个名为 Pic1 的图片框；一个单选按钮数组，含 3 个单选按钮，标题分别为"正方形"、"三角形"和"圆形"；还有一个标题为"显示"的命令按钮。程序的功能是在运行时，如果选中一个单选按钮后，单击"显示"按钮，则根据单选按钮的选中情况，在图片框中显示"选择了正方形"、"选择了三角形"或"选择了圆形"，如下图所示。

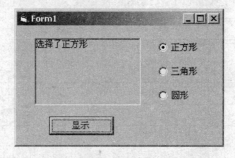

要求：

（1）原题中的单选按钮和命令按钮没有标题，请利用属性窗口依次添加单选按钮标题分别为"正方形"、"三角形"和"圆形"，添加命令按钮标题为"显示"。

（2）去掉程序中的注释符"'"，把程序中的问号"？"改为正确的内容，使其实现上述功能。

注意：

不能修改程序的其他部分，也不得修改控件的其他属性。最后把修改过的程序以原文件名保存。

☆☆☆☆☆☆☆☆☆☆☆☆☆☆☆☆☆☆☆☆☆☆☆☆☆☆☆☆☆☆☆☆☆☆☆☆

第 7 题

在考生文件夹中有一个工程文件 execise7.vbp 及其窗体文件 execise7.frm。在名为 Form1 的窗体上有一个单选按钮数组，含 3 个单选按钮，标题分别为"本科生"、"硕士生"和"博士生"；还有一个标题为"显示"的命令按钮，如下图所示。程序在运行时，如果选中一个单选按钮并单击"显示"按钮，则在窗体上显示相应的信息，例如若选中"硕士生"，则在窗体上显示"我是硕士生"。

要求：

去掉程序中的注释符"'"，把程序中的问号"？"改为正确的内容，使其实现上述功能，但不得修改程序的其他部分，也不得修改控件的属性。最后原名保存修改后的文件。

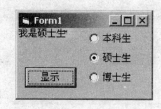

✮✮✮

第 8 题

在考生文件夹中有一个工程文件 execise8.vbp 及其窗体文件 execise8.frm。请在名为 Form1 的窗体上绘制两个文本框，其名称分别为 Text1 和 Text2，文本框内容分别设置为"计算机等级考试"、Visual Basic；然后绘制一个标签，其名称为 Lab1，高度为 400，宽度为 2000；再绘制两个单选按钮，名称分别为 Opt1 和 Opt2，标题分别为 Change 和 Join；最后再绘制一个命令按钮，其名称为 Cmd1，标题为"确定"。

编写适当的事件程序。程序运行后，如果选中 Change 单选按钮并单击"确定"按钮，则 Text1 文本框中内容与 Text2 文本框中内容进行交换，并在标签处显示 OK；如果选中 Join 单选按钮并单击"确定"按钮后，则把交换后的 Text1 和 Text2 的内容连接起来，并在标签处显示连接后的内容，如下图所示。保存时，工程文件名为 execise8.vbp，窗体文件名为 execise8.frm。

注意：

不得修改已经给出的程序。在结束程序运行之前，必须选中一个单选按钮，并单击"确定"按钮。退出程序时必须通过单击窗体右上角的关闭按钮，否则可能无成绩。

✮✮✮

第 9 题

在考生文件夹中有工程文件 execise9.vbp 及其窗体文件 execise9.frm。在名为 Form1 的窗体上有一个名称为 List1 的列表框，一个名称为 Text1 的文本框，以及一个名为 Cmd1 命令按钮（标题为 Copy）。要求程序运行后，在列表框中自动建立 4 个列表项，分别为 Item1、Item2、Item3 和 Item4。如果选择列表框中的一项，则单击 Copy 按钮时，可以把该项复制到文本框中，如下图所示。

本程序不完整，请补充完整，并能正确运行。

要求：

去掉程序中的注释符"'"，把程序中的问号"？"改为正确的内容，使其实现上述功能，但不得修改程序的其他部分。最后，按原文件名并在原文件夹中保存修改后的文件。

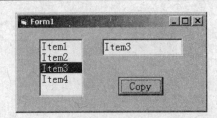

★★★

第 10 题

在考生文件夹中有工程文件 execise10.vbp 及窗体文件 execise10.frm。在名为 Form1 的窗体上有一个名为 Pic1 的图片框，一个名为 Cmd1、标题为 Input 的命令按钮，两个单选按钮（名称分别是 Opt1 和 Opt2，标题分别是"画圆"和"画方"）。

要求程序运行后，选中两个单选按钮中的一个，再单击命令按钮 Input，在弹出的输入对话框中输入相应的参数值，则在图片框上绘制出相应的图形（如下图所示）。

本程序不完整，请补充完整，并能正确运行。

要求：

去掉程序中的注释符"'"，把程序中的问号"？"改为正确的内容，使其实现上述功能，但不得修改程序的其他部分。最后，按原文件名并在原文件夹中保存修改后的文件。

★★★

第 11 题

在考生文件夹中有一个工程文件 execise11.vbp 及窗体文件 execise11.frm。在名为 Form1 的窗体上有两个列表框，名称分别为 List1 和 List2，在 List2 中已经预设了内容；还有两个命令按钮，名称分别为 Cmd1 和 Cmd2，标题分别为 Add 和 Delete。如下图所示。

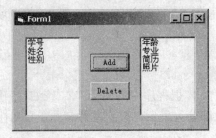

　　程序的功能是在运行时，如果选中右边列表框中的一个列表项，单击 Add 按钮，则把该项移到左边的列表框中；若选中左边列表框中的一个列表项，单击 Delete 按钮，则把该项移回右边的列表框中。

　　注意：

　　文件中已经给出了所有控件和程序，但程序不完整，请去掉程序中的注释符"'"，把程序中的问号"？"改为正确的内容。但不得修改程序的其他部分，也不得修改控件的属性。最后，按原文件名并在原文件夹中保存修改后的文件。

☆☆

第 12 题

　　在考生文件夹中有一个工程文件 execise12.vbp。请在名为 Form1 的窗体上绘制一个组合框，名为 Com1，并输入 3 个列表项："5"、"9"、"13"（列表项的顺序不限，但必须是这 3 个数字）；绘制一个名为 Text1 的文本框；再绘制一个标题为"计算"、名称为 Cmd1 的命令按钮。如下图所示。

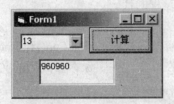

　　请编写适当的事件过程，使得程序运行时，在组合框中选定一个数字后，单击"计算"按钮，则计算 5000 以内能够被该数整除的所有数之和，并放入 Text1 中。最后，按原文件名存盘（提示：由于计算结果较大，应使用长整型变量）。

　　注意：

　　不得修改窗体文件中已经存在的程序，在结束程序运行之前，必须至少进行一次计算。必须用窗体右上角的关闭按钮结束程序，否则无成绩。

☆☆

第 13 题

　　在名为 Form1 的窗体上绘制一个名称为 Lab1、标题为"Add Item:"的标签；绘制一个名称为 Text1 的文本框，没有初始内容；绘制一个名称为 Com1 的下拉式组合框，并通过属性窗口输入若干项目（不少于 3 个，内容任意）；再绘制两个命令按钮，名称分别为 Cmd1和 Cmd2，标题分别为 Add 和 Display。在运行时，向 Text1 中输入字符，单击 Add 按钮后，则 Text1 中的内容作为一个列表项被添加到组合框的列表中；单击 Display 按钮，则在窗体上显示组合框中列表项的个数，如下图所示。请编写两个命令按钮的 Click 事件过程。

　　注意：

　　程序中不得使用变量，也不能使用循环；文件必须存放在考生文件夹中，工程文件名为 execise13.vbp，窗体文件名为 execise13.frm。

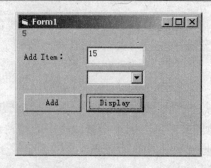

★★

第 14 题

在考生文件夹中有一个工程文件 execise14.vbp，相应的窗体文件为 execise14.frm。在名为 Form1 的窗体上有一个命令按钮和一个文本框（如下图所示）。程序运行后，单击命令按钮，即可计算出 0～500 范围内不能被 3 整除的所有整数的和，并在文本框中显示出来。在窗体的代码窗口中，已给出了部分程序，其中计算不能被 3 整除的整数的和的操作在通用过程 Fun 中实现，请编写该过程的代码。

要求：

请勿改动程序中的任何内容，只在 Function Fun() 和 End Function 之间填入所编写的若干语句。最后，按原文件名并在原文件夹中保存修改后的文件。

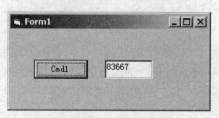

★★

第 15 题

在考生文件夹中有工程文件 execise15.vbp 及其窗体文件 execise15.frm。在窗体上有 3 个名称分别为 Opt1、Opt2 和 Opt3 的单选按钮，标题分别为"宋体"、"隶书"和"黑体"；一个名称为 Text1 的文本框，字体为楷体_GB2312，字号为四号字；还有一个名称为 Cmd1 的命令按钮，标题为"切换"。要求程序运行后，在文本框中输入"计算机等级考试"，并选择一个单选按钮。在单击"切换"按钮后，会根据所选的单选按钮来切换文本框中所显示的汉字字体，如下图所示。

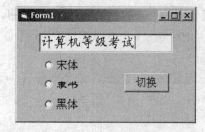 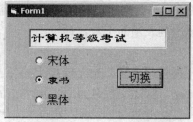

本程序不完整，请补充完整，并能正确运行。

要求：

去掉程序中的注释符"'"，把程序中的问号"？"改为正确的内容，使其实现上述功能，但不得修改程序的其他部分。最后，按原文件名并在原文件夹中保存修改后的文件。

✮✮

第 16 题

在名为 Form1 的窗体上建立一个文本框，名为 Text1。建立一个命令按钮，名为 Cmd1，标题为"计算"，如下图所示。

要求程序运行后，如果单击"计算"按钮，则求出 1～200 之间所有可以被 5 整除的数的总和，并在文本框中显示出来。计算结果存入考生文件夹中的 out16.txt 文件中。在考生的文件夹中有一个 mode.bas 标准模块，该模块中提供了保存文件的过程 putdata，考生可以直接调用。

注意：

文件必须存放在考生文件夹中，窗体文件名为 execise16.frm。工程文件名为 execise16.vbp。

✮✮

第 17 题

在考生文件夹中有工程文件 execise17.vbp 及其窗体文件 execise17.frm。在名为 Form1 的窗体上有一个名称为 Text1 的文本框，一个名称为 Cmd1，标题为"验证密码"的命令按钮。其中文本框用来输入密码，要求在文本框中输入的内容都必须以"*"显示（请通过属性窗口设置）。程序运行后，输入密码，单击命令按钮后，对密码进行校验。如果输入的内容是"1234"这 4 个数字，则用 MsgBox 信息框输出"密码正确"，否则输出"密码错误"，如下图所示。

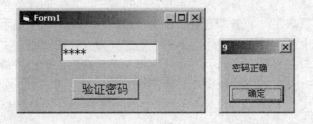

本程序不完整，请补充完整，并能正确运行。

要求：

去掉程序中的注释符"'"，把程序中的问号"？"改为正确的内容，使其实现上述功能，但不得修改程序的其他部分。最后，按原文件名并在原文件夹中保存修改后的文件。

★★

第 18 题

在考生文件夹中有工程文件 execise18.vbp 及其窗体文件 execise18.frm。在名为 Form1 的窗体上有 3 个名称分别为 Chk1、Chk2 和 Chk3 的复选框，标题依次为"数据结构"、"数据库应用"和"计算机网络"；还有一个名称为 Cmd1，标题为"选课"的命令按钮，如下图所示。

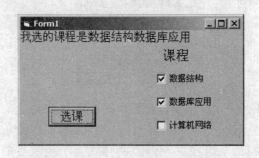

要求程序运行后，如果选择某个复选框，则当单击命令按钮时在窗体上输出相应的信息。例如：如果选择"数据结构"和"数据库应用"复选框，则单击命令按钮后，将在窗体上显示"我选的课程是数据结构数据库应用"；如果选择"计算机网络"复选框，则单击命令按钮后，将在窗体上显示"我选的课程是计算机网络。

本程序不完整，请补充完整，并能正确运行。

要求：

去掉程序中的注释符"'"，把程序中的问号"？"改为正确的内容，使其实现上述功能，但不得修改程序的其他部分。最后，按原文件名并在原文件夹中保存修改后的文件。

★★

第 19 题

在考生文件夹中有文件 execise19.vbp 及其窗体文件 execise19.frm。在名为 Form1 的窗体上有一个名称为 Text1 的文本框；两个复选框，名称分别为 Chk1 和 Chk2、标题分别为"篮球"和"乒乓球"；一个名称为 Cmd1、标题为"确定"的命令按钮。要求程序运行后，如果只选中"篮球"，单击"确定"命令按钮，则在文本框中显示："报名参加篮球比赛"；如果只选中"乒乓球"，然后单击"确定"命令按钮，则在文本框中显示："报名参加乒乓球比赛"；如果同时选中"篮球"和"乒乓球"，单击"确定"命令按钮，则在文本框中显示："报名参加篮球和乒乓球比赛"（如下图所示）；如果"篮球"和"乒乓球"都不选，然后单击"确定"命令按钮，则在文本框中什么都不显示。

本程序不完整，请补充完整，并能正确运行。

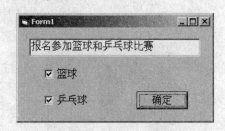

要求:

去掉程序中的注释符"'",把程序中的问号"?"改为正确的内容,使其实现上述功能,但不得修改程序的其他部分。最后,按原文件名并在原文件夹中保存修改后的文件。

☆☆☆☆☆☆☆☆☆☆☆☆☆☆☆☆☆☆☆☆☆☆☆☆☆☆☆☆☆☆☆☆☆☆

第 20 题

在考生文件夹中有工程文件 execise20.vbp 及窗体文件 execise20.frm。在名为 Form1 的窗体中有 3 个 Label 控件和 2 个名称分别为 Cmd1 和 Cmd2、标题分别为"开始"和"退出"的命令按钮。要求程序运行后,单击"开始"按钮,能打印出如下图所示的三角形,并写入考生文件夹中的 picture.dat 文件中;执行完毕,"开始"按钮变成"完成"按钮,且无效(变灰),参见下图。

本程序不完整,请补充完整,并能正确运行。

要求:

去掉程序中的注释符"'",把程序中的问号"?"改为正确的内容,使其实现上述功能,但不得修改程序的其他部分。最后,按原文件名并在原文件夹中保存修改后的文件。

☆☆☆☆☆☆☆☆☆☆☆☆☆☆☆☆☆☆☆☆☆☆☆☆☆☆☆☆☆☆☆☆☆☆

第 21 题

在考生文件夹中有工程文件 execise21.vbp 及窗体文件 execise21.frm。在名为 Form1 的窗体中有一个名为 Image1 的图像框,还有两个命令按钮(名称分别是 Cmd1 和 Cmd2,标题分别是"放大"和"缩小")。

要求程序运行后,单击"放大"按钮,则图像框变大;单击"缩小"按钮,则图像框变小。

本程序不完整，请补充完整，并能正确运行。

要求：

去掉程序中的注释符"'"，把程序中的问号"？"改为正确的内容，使其实现上述功能，但不得修改程序的其他部分。最后，按原文件名并在原文件夹中保存修改后的文件。

☆☆☆☆☆☆☆☆☆☆☆☆☆☆☆☆☆☆☆☆☆☆☆☆☆☆☆☆☆☆☆☆☆☆☆☆☆☆☆

第 22 题

在考生文件夹中有工程文件 execise22.vbp 及窗体文件 execise22.frm。在名为 Form1、标题为"调用系统对话框"的窗体上有一个文本框和 6 个命令按钮及一个通用对话框（如下图所示），通过 CommonDialog 实现对系统一些对话框的调用。请将"打开"按钮的功能补充完整，并限制打开的类型为可执行文件（*.com 和*.exe)，默认打开文件类型为 exe 文件。

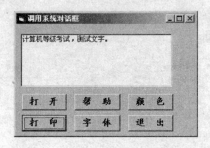

本程序不完整，请补充完整，并能正确运行。

要求：

去掉程序中的注释符"'"，把程序中的问号"？"改为正确的内容，使其实现上述功能，但不得修改程序的其他部分。最后，按原文件名并在原文件夹中保存修改后的文件。

☆☆☆☆☆☆☆☆☆☆☆☆☆☆☆☆☆☆☆☆☆☆☆☆☆☆☆☆☆☆☆☆☆☆☆☆☆☆☆

第 23 题

在考生文件夹中有工程文件 execise23.vbp 及窗体文件 execise23.frm。在名为 Form1、标题为"求和程序"的窗体上有 3 个 Label 控件、2 个 Text 控件和 3 个命令按钮（如下图所示）。该程序的主要功能是求从 1 到 Text1 中用户输入的任意自然数 n 的累加和。

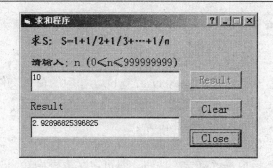

要求:

(1) 刚启动工程时,Result 和 Clear 按钮均为灰色。

(2) 可以在输入框内输入任意自然数(n 值太大时,运算时间将很长,建议不超过 9 位)。在输入数的同时 Result 按钮按钮变为可用。当输入为非数值时,累加结果为 0。

(3) 单击 Result 按钮可以在 Text2 中显示累加和,且该框内的文字不可修改;同时 Result 按钮变灰,Clear 按钮变为可用。

(4) 单击 Clear 按钮,输入框和显示框均显示"0"。

(5) 单击 Close 按钮结束程序的运行。

本程序不完整,请补充完整,并能正确运行。

要求:

去掉程序中的注释符"'",把程序中的问号"?"改为正确的内容,使其实现上述功能,但不得修改程序的其他部分。最后,按原文件名并在原文件夹中保存修改后的文件。

☆☆

第 24 题

在考生文件夹中有一个工程文件 execise24.vbp,相应的窗体文件为 execise24.frm。在名为 Form1 的窗体上有一个命令按钮,其名称为 Cmd1,标题为"添加";有一个文本框,名为 Text1,初始内容为空白;此外还有一个列表框,其名称为 List1。程序运行后,如果在文本框中输入一个英文句子(由多个单词组成,各单词之间用一个空格分开),然后单击命令按钮,程序将把该英文句子分解为单词,并把每个单词作为一个项目添加到列表框中,如下图所示。

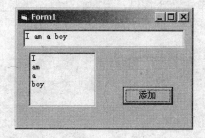

该程序不完整,请补充完整。

要求:

去掉程序中的注释符"'",把程序中的问号"?"改为正确的内容,使其能正确运行,但不得修改程序的其他部分。最后,按原文件名并在原文件夹中保存修改后的文件。

★★★

第 25 题

在考生文件夹中有一个工程文件 execise25.vbp，相应的窗体文件为 execise25.frm。在在名为 Form1 的窗体上有一个命令按钮，其名称为 Cmd1，标题为"输入"；还有一个文本框，其名称为 Text1，初始内容为空白。

程序运行后，单击"输入"命令按钮，显示"输入"对话框。在对话框中输入某个月份的数值（1～12），然后单击"确定"按钮，即可在文本框中输出该月份所在的季节。例如输入 8，将输出"8 月份是秋季"，如下图所示。

该程序不完整，请补充完整。

要求：

去掉程序中的注释符"'"，把程序中的问号"？"改为正确的内容，使其能正确运行，但不得修改程序的其他部分。最后用原名保存工程文件和窗体文件。

★★★

第 26 题

在考生文件夹中有一个工程文件 execise26.vbp，相应的窗体文件为 execise26.frm。在名为 Form1 的窗体上有一个名称为 Cmd1、标题为"计算"的命令按钮；两个水平滚动条，名称分别为 HS1 和 HS2，其 Max 属性均为 100，Min 属性均为 1；4 个标签，名称分别为 Lab1、Lab2、Lab3 和 Lab4，标题分别为"运算数1"、"运算数2"、"运算结果"和空白；此外，还有一个包含 4 个单选按钮的控件数组，名为 Opt1，标题分别为"+"、"-"、"*"和"/"。程序运行后，移动两个滚动条中的滚动框，用滚动条的当前值作为运算数，如果选中一个单选钮，然后单击命令按钮，相应的计算结果将显示在 Lab4 中，程序运行情况如下图所示。

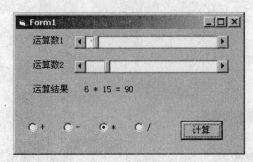

本程序不完整，请补充完整，并能正确运行。

要求：

去掉程序中的注释符"'"，把程序中的问号"？"改为正确的内容，使其能正确运行，但不得修改程序的其他部分，也不得修改控件的属性。最后用原名保存工程文件和窗体文件。

☆☆☆☆☆☆☆☆☆☆☆☆☆☆☆☆☆☆☆☆☆☆☆☆☆☆☆☆☆☆☆☆☆☆

第 27 题

在考生文件夹中有一个工程文件 execise27.vbp，相应的窗体为 execise27.frm。在名为 Form1 的窗体中有一个名称为 Cmd1 的命令按钮（标题为"开始倒计数"）和一个名称为 Timer1 的计时器。请在窗体上绘制一个标签（名称为 Lab1，标题为"请输入一个正整数"）、一个文本框（名称为 Text1，初始内容为空白）（如下图所示）。已经给出了相应的事件过程。

程序运行后，在文本框中输入一个正整数，此时如果按回车键，则可使文本框中的数字每隔 1 秒减 1（倒计数）；当减到 0 时，倒计数停止，清空文本框，并把焦点移到文本框中。

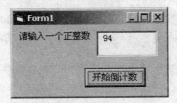

要求：

去掉程序中的注释符"'"，把程序中的问号"？"改为正确的内容，使其能正确运行，但不得修改程序的其他部分。最后，按原文件名并在原文件夹中保存修改后的文件。

☆☆☆☆☆☆☆☆☆☆☆☆☆☆☆☆☆☆☆☆☆☆☆☆☆☆☆☆☆☆☆☆☆☆

第 28 题

在考生文件夹中有一个工程文件 execise28.vbp，相应的窗体文件为 execise28.frm。在名为 Form1 的窗体上有一个名称为 Cmd1，标题为"最小值"的命令按钮。其功能是产生 30 个 0～1000 的随机整数，放入一个数组中，然后输出其中的最小值。程序运行后，单击命令按钮，即可求出其最小值，并在窗体上显示出来，如下图所示。

本程序不完整，请补充完整，并能正确运行。

要求：

去掉程序中的注释符"'"，把程序中的问号"？"改为正确的内容，使其实现上述功能，但不得修改程序的其他部分。最后，按原文件名并在原文件夹中保存修改后的文件。

☆☆

第 29 题

在考生文件夹中有一个工程文件 execise29.vbp，相应的窗体文件为 execise29.frm。在名为 Form1 的窗体上有一个命令按钮和一个文本框（如下图所示）。程序运行后，单击命令按钮，即可计算出 0～1000 范围内不能被 7 整除的整数的个数，并在文本框中显示出来。在窗体的代码窗口中，已给出了部分程序，其中计算不能被 7 整除的整数的个数的操作在通用过程 Fun 中实现，请编写该过程的代码。

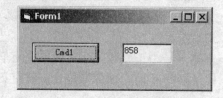

要求：

请勿改动程序中的任何内容，只在 Function Fun() 和 End Function 之间填入编写的若干语句。最后，按原文件名并在原文件夹中保存修改后的文件。

☆☆

第 30 题

在考生文件夹中有一个工程文件 execise30.vbp，相应的窗体文件为 execise30.frm。在名为 Form1 的窗体上有一个名称为 Cmd1，标题为"输出均值"的命令按钮。其功能是产生 20 个 0～1000 的随机整数，放入一个数组中，然后输出这 20 个整数的平均值。程序运行后，单击命令按钮，即可求出其平均值，并在窗体上显示出来，如下图所示。

本程序不完整，请补充完整，并能正确运行。

要求：

去掉程序中的注释符"'"，把程序中的问号"？"改为正确的内容，使其实现上述功能，但不得修改程序的其他部分。最后，按原文件名并在原文件夹中保存修改后的文件。

☆☆

第 31 题

在考生文件夹中有一个工程文件 execise31.vbp，相应的窗体文件为 execise31.frm。在名为 Form1 的窗体上有一个命令按钮和一个文本框。程序运行后，单击命令按钮，即可计算出 0～200 范围内能被 3 整除的所有整数的和，并在文本框中显示出来。如下图所示。

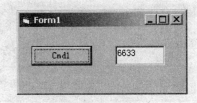

在窗体的代码窗口中，已给出了部分程序，其中计算 0～200 范围内能被 3 整除的所有整数的和的操作在通用过程 Fun 中实现，请编写该过程的代码。

要求：

请勿改动程序中的任何内容，只在 Function Fun()和 End Function 之间填入所编写的若干语句。最后，按原文件名并在原文件夹中保存修改后的文件。

☆☆

第 32 题

在考生文件夹中有一个工程文件 execise32.vbp，相应的窗体文件为 execise32.frm。在名为 Form1 的窗体上有一个名称为 Cmd1，标题为"小于 500 的整数之和"的命令按钮。其功能是产生 20 个 0～1000 的随机整数，放入一个数组中，然后输出这 20 个整数中小于 500 的所有整数之和。程序运行后，单击命令按钮，即可求出这些整数的和，并在窗体上显示出来，如下图所示。

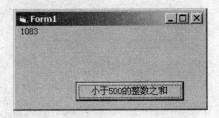

本程序不完整，请补充完整，并能正确运行。

要求：

去掉程序中的注释符"'"，把程序中的问号"？"改为正确的内容，使其实现上述功能，但不得修改程序的其他部分。最后，按原文件名并在原文件夹中保存修改后的文件。

☆☆

第 33 题

在名为 Form1 的窗体上绘制一个名称为 Lab1 的标签，标题为"口令窗口"；绘制 2 个文本框，名称分别为 Text1 和 Text2，都没有初始内容；再绘制 3 个命令按钮，名称分别为 Cmd1、Cmd2 和 Cmd3，标题分别为"显示"、"隐藏"和"复制"，在开始运行时，向 Text1 中输入的所有字符都显示"*"，单击"显示"按钮后，在 Text1 中显示所有字符，再单击"隐藏"后，Text1 中的字符不变，但显示的都是"?"，单击"复制"后，把 Text1 中的实际内容复制到 Text2 中，如下图所示。

要求：

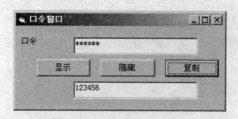

（1）在属性窗口中，把窗体的标题改为"口令窗口"。

（2）建立适当的事件过程，完成上述功能。每个过程中只允许写一条语句，且不能使用变量。

（3）保存时，工程文件名为 execise33.vbp，窗体文件名为 execise33.frm。

✿✿

第 34 题

在考生文件夹中有一个工程文件 execise34.vbp，相应的窗体文件为 execise34.frm。在名为 Form1 的窗体上有一个命令按钮和一个文本框。程序运行后，单击命令按钮，即可计算出 0～100 范围内所有奇数的平方和，并在文本框中显示出来。在窗体的代码窗口中，已给出了部分程序，其中计算奇数平方和的操作在通用过程 Fun 中实现，请编写该过程的代码。

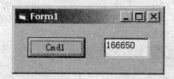

要求：

请勿改动程序中的任何内容，只在 Function Fun() 和 End Function 之间填入所编写的若干语句。最后，按原文件名并在原文件夹中保存修改后的文件。

✿✿

第 35 题

在考生文件夹中有一个工程文件 execise35.vbp，相应的窗体文件名为 execise35.frm。请在名为 Form1 的窗体上绘制一个名称为 Text1 的文本框和一个名称为 Cmd1、标题为"大小写转换"的命令按钮，如下图所示。

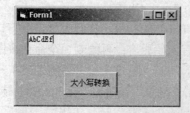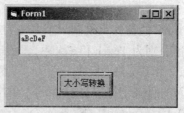

在程序运行时，单击"大小写转换"按钮，可以把 Text1 中的大写字母转换为小写，把小写字母转换为大写。窗体文件中已经给出了"大小写转换"按钮的 Click 事件过程，

但不完整，请去掉程序中的注释符"'"，把程序中的问号"？"改为正确的内容。

注意：

不能修改程序的其他部分。最后，按原文件名并在原文件夹中保存修改后的文件。

★★

第 36 题

在考生文件夹中有一个工程文件 execise36.vbp，相应的窗体文件名为 execise36.frm。其窗体（Form1）如下图所示。该程序用来对在上面的文本框中输入的英文字母串（称为"明文"）加密，加密结果（称为"密文"）显示在下面的文本框中。加密的方法是：选中一个单选按钮，单击"加密"按钮后，根据选中的单选按钮后面的数字 n，把明文中的每个字母改为它后面的第 n 个字母（"z"后面的字母认为是"a"，"Z"后面的字母认为是"A"）。

窗体中已经给出了所有控件和程序，但程序不完整，请去掉程序中的注释符"'"，把程序中的问号"？"改为正确的内容。

注意：

不能修改程序的其他部分和控件的属性。最后，按原文件名并在原文件夹中保存修改后的文件。

★★

第 37 题

在考生文件夹中有一个工程文件 execise37.vbp，相应的窗体文件为 execise37.frm。在名为 Form1 的窗体上有一个名称为 Cmd1，标题为"输出大于 1000 的整数之和"的命令按钮。其功能是产生 40 个 0～2000 的随机整数，放入一个数组中，然后输出这 40 个整数中大于 1000 的所有整数之和。程序运行后，单击命令按钮，即可求出这些整数的和，并在窗体上显示出来，如下图所示。

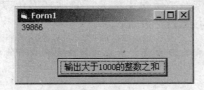

本程序不完整，请补充完整，并能正确运行。

要求：

去掉程序中的注释符"'"，把程序中的问号"？"改为正确的内容，使其实现上述功能，但不得修改程序的其他部分。最后，按原文件名并在原文件夹中保存修改后的文件。

✦✦✦✦✦✦✦✦✦✦✦✦✦✦✦✦✦✦✦✦✦✦✦✦✦✦✦✦✦✦✦✦✦✦✦✦✦

第 38 题

在考生文件夹中有一个工程文件 execise38.vbp，相应的窗体文件名为 execise38.frm。在名为 Form1 的窗体中有一个组合框和一个命令按钮，如下图所示。

程序的功能是：在运行时，如果在组合框中输入一个项目并单击命令按钮，则搜索组合框中的项目，如果没有此项，则把此项添加到列表中；如果有此项，则弹出提示："此项已存在"，然后清除输入的内容。

要求：

去掉程序中的注释符"'"，把程序中的问号"？"改为正确的内容，使其实现上述功能，但不得修改程序的其他部分，也不得修改控件的属性。最后原名保存修改后的文件。

✦✦✦✦✦✦✦✦✦✦✦✦✦✦✦✦✦✦✦✦✦✦✦✦✦✦✦✦✦✦✦✦✦✦✦✦✦

第 39 题

在名为 Form1 的窗体上建立一个名称为 Text1 的文本框，然后建立两个主菜单，其标题分别为"食品列表"和"帮助"，名称分别为 vbMenu 和 vbHelp，其中"食品列表"菜单包括"洋葱"、"鸡蛋"和"鲜奶"3 个菜单项，名称分别为 vbMenu1、vbMenu2 和 vbMenu3。程序运行后，如果在"食品列表"的下拉菜单中选择"洋葱"，则在文本框内显示："慢速运输"；如果选择"鸡蛋"，则在文本框内显示："中速运输"；如果选择"鲜奶"，则在文本框内显示："快速运输"运行结果（如下图所示）。

注意：

不能使用任何变量，直接显示字符串；文件必须存放在考生文件夹中，窗体文件名为 execise39.frm，工程文件名为 execise39.vbp。

✦✦✦✦✦✦✦✦✦✦✦✦✦✦✦✦✦✦✦✦✦✦✦✦✦✦✦✦✦✦✦✦✦✦✦✦✦

第 40 题

在考生文件夹中有工程文件 execise40.vbp 及窗体文件 execise40.frm。在名为 Form1 的窗体中有一个名称为 Pic1 的图片框，一个名称为 HS1 的滚动条，3 个命令按钮（名称分别为 Cmd1、Cmd2 和 Cmd3、标题分别为 Begin、Pause 和 End），一个时钟控件（名为 Timer1），和一个标签控件（名为 Lab1）。程序运行后：

（1）单击 Begin 按钮后，使小球围绕大球转动，并可以使用滚动条调节转动的速度。

（2）单击 Pause 按钮后，暂停小球的转动。

（3）单击 End 按钮结束程序。

程序运行情况如下图所示。

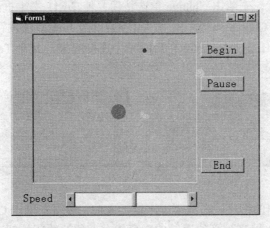

本程序不完整，请补充完整，并能正确运行。

要求：

去掉程序中的注释符"'"，把程序中的问号"？"改为正确的内容，使其实现上述功能，但不得修改程序的其他部分。最后，按原文件名并在原文件夹中保存修改后的文件。

★★

第 41 题

在考生文件夹中有一个工程文件 execise41.vbp 和窗体文件 execise41.frm。在名为 Form1 的窗体上有一个名称为 Text1 的文本框，一个名称为 List1 的列表框，一个命令按钮（名为 Cmd1，标题为 Insert），如下图所示。

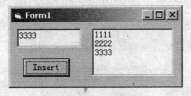

程序的功能是：在运行时，如果在文本框中输入一行内容并单击 Insert 按钮，则把文本框中的内容作为列表项添加到列表框中；如果单击列表框中的某一项，则立即从列表框中删除该项。

要求：

去掉程序中的注释符"'"，把程序中的问号"？"改为正确的内容，使其实现上述功能，但不得修改程序的其他部分，也不得修改控件的属性。最后原名保存修改后的文件。

★★

第 42 题

在考生文件夹中有一个工程文件 execise42.vbp 和窗体文件 execise42.frm。请在名为 Form1 的窗体上绘制 3 个文本框，其名称分别为 Text1、Text2 和 Text3，文本框内容分别设置为"二级考试"、"计算机"和空白；然后绘制 2 个单选按钮，其名称分别为 Opt1 和 Opt2，标题分别为 Change 和 Join，编写适当的事件程序。

要求在程序运行时，先单击 Change 单选按钮，使 Text1 文本框中内容与 Text2 文本框中内容进行交换，并使 Change 单选按钮消失；然后单击 Join 单选按钮，则把交换后的 Text1 和 Text2 的内容以 Text1 在前、Text2 在后的顺序连接起来，并在 Text3 文本框中显示连接后的内容。如下图所示。

 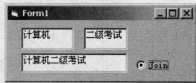

注意：

不得修改已经给出的程序。在结束程序运行之前，必须先单击 Change 单选按钮，后单击 Join 单选按钮。退出程序时必须通过单击窗体右上角的关闭按钮，否则可能无成绩。最后原名保存修改后的文件。

★★

第 43 题

在考生文件夹中有一个工程文件 execise43.vbp 和窗体文件 execise43.frm。在名为 Form1 的窗体上已经有一个标签 Lab1。请绘制一个单选按钮数组，名为 Opt1，含 3 个单选按钮，它们的 Index 属性分别为 0、1、2，标题依次为"汽车"、"自行车"和"步行"；再绘制一个名称为 Text1 的文本框。

窗体文件中已经给出了 Opt1 的 Click 事件过程，但不完整，要求去掉程序中的注释符"'"，把程序中的问号"？"改为正确的内容，使得在运行时单击"汽车"或"自行车"单选按钮时，在 Text1 中显示"我坐汽车去"或"我骑自行车去"，单击"步行"单选按钮时，在 Text1 中显示"我步行去"。运行结果如下图所示。

注意：

不能修改程序的其他部分。最后，按原文件名并在原文件夹中保存修改后的文件。

★★

第 44 题

在考生文件夹中有一个工程文件 execise44.vbp 和窗体文件 execise41.frm。在名为 Form1 的窗体上已经有两个文本框，名称分别为 Text1 和 Text2；一个命令按钮，名为 Cmd1，标题为"确定"。请绘制两个单选按钮，名称分别为 Opt1 和 Opt2，标题分别为"男生"和"女生"；再绘制两个复选框，名称分别为 Chk1 和 Chk2，标题分别为"美术"和"舞蹈"。

请编写适当的事件过程，使得在运行时，单击"确定"按钮后实现下面的要求：

（1）根据选中的单选按钮，在 Text1 中显示"我是男生"或"我是女生"。

（2）根据选中的复选框，在 Text2 中显示"我的爱好是美术"或"我的爱好是舞蹈"或"我的爱好是美术舞蹈"。

程序运行情况如下图所示。

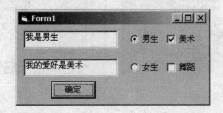

注意：

不得修改已经给出的程序和已有控件的属性。在结束程序运行之前，必须选中一个单选按钮和至少一个复选框，并单击"确定"按钮。必须使用窗体右上角的关闭按钮结束程序，否则无成绩。

★★

第 45 题

在考生文件夹中有一个工程文件 execise45.vbp 和窗体文件 execise45.frm。它的功能是在运行时只显示名为 Form2 的窗体，单击 Form2 上的"上线"命令按钮，则显示名为 Form1 的窗体；单击 Form1 上的"隐身"命令按钮，则 Form1 的窗体消失。这个程序并不完整，要求：

（1）把 Form2 设为启动窗体；把 Form1 上按钮的标题改为"隐身"，把 Form2 上按钮的标题改为"上线"。

（2）去掉程序中的注释符"'"，把程序中的问号"？"改为正确的内容，使其实现上述功能，但不得修改程序的其他部分。最后把修改后的文件存盘。

（3）工程文件和窗体文件仍按原名保存。

正确程序运行后的界面如下图所示。

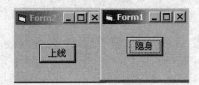

☆☆☆☆☆☆☆☆☆☆☆☆☆☆☆☆☆☆☆☆☆☆☆☆☆☆☆☆☆☆☆☆☆☆☆☆

第 46 题

在考生文件夹中有一个工程文件 execise46.vbp 和窗体文件 execise46.frm。在名为 Form1 的窗体上，有一个名为 Cmd1，标题为 Move 的命令按钮，一个名为 VS1 的垂直滚动条，一个名为 Text1 初始内容为空的文本框。它的功能是在文本框中输入一个整数，单击 Move 按钮后，如果输入的是正数，滚动条中的滚动框向下移动与该数相等的刻度，但如果超过了滚动条的最大刻度，则不移动，并且显示"文本框中数值太大"；如果输入的是负数，滚动条中的滚动框向上移动与该数相等的刻度，但如果超过了滚动条的最小刻度，则不移动，并且显示"文本框中数值太小"，如下图所示。

要求：

去掉程序中的注释符"'"，把程序中的问号"？"改为正确的内容，使其实现上述功能，但不得修改程序的其他部分，也不得修改控件的属性。最后把修改过的程序按原名保存。

☆☆☆☆☆☆☆☆☆☆☆☆☆☆☆☆☆☆☆☆☆☆☆☆☆☆☆☆☆☆☆☆☆☆☆☆

第 47 题

在名为 Form1 的窗体上建立两个主菜单，其标题分别为"文件"和"帮助"，名称分别为 vbFile 和 vbHelp，在"文件"菜单下有 3 个菜单项，分别为"新建"、"打开"和"保存"（其名称分别为 vbNew、vbOpen 和 vbSave）。

要求程序运行后，如果选中"文件"下的某个菜单项，则将该菜单项的标题通过 MsgBox 对话框显示出来，如下图所示。

注意：

文件必须存放在考生文件夹中，窗体文件名为 execise47.frm，工程文件名为 execise47.vbp。

☆☆☆☆☆☆☆☆☆☆☆☆☆☆☆☆☆☆☆☆☆☆☆☆☆☆☆☆☆☆☆☆☆☆☆☆☆☆☆

第 48 题

在名为 Form1 的窗体上建立一个文本框,名为 Text1;再建立一个命令按钮,名为 Cmd1,标题为"计算",如下图所示。

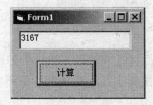

要求程序运行后,单击命令按钮,则计算出 100～200 之间所有素数之和,并在文本框中显示结果,同时把结果存入文件 out48.txt 中(在考生文件夹中有标准模块 mode.bas,其中的 putdata 过程可以把结果存入文件;而 isprime 函数可以判断整数 x 是否为素数,如果是素数,则函数返回 True,否则返回 False;考生可以把该模块文件添加到自己的工程中)。

注意:

文件必须存放在考生文件夹中,窗体文件名为 execise48.frm,工程文件名为 execise48.vbp。

☆☆☆☆☆☆☆☆☆☆☆☆☆☆☆☆☆☆☆☆☆☆☆☆☆☆☆☆☆☆☆☆☆☆☆☆☆☆☆

第 49 题

在名为 Form1 的窗体中绘制一个名为 Text1 的文本框,其初始值为"0";再添加一个名为 Timer1 的计时器。请设置适当的控件属性,并编写适当的事件过程,使得在运行时,每隔一秒钟文本框中的数字加 1。如下图所示的是程序刚启动时的情况。

注意:

程序中不得使用任何变量;文件必须存放在考生文件夹中,工程文件名为 execise49.vbp,窗体文件名为 execise49.frm。

☆☆☆☆☆☆☆☆☆☆☆☆☆☆☆☆☆☆☆☆☆☆☆☆☆☆☆☆☆☆☆☆☆☆☆☆☆☆☆

第 50 题

在考生文件夹中有一个工程文件 execise50.vbp 及窗体文件 execise50.frm。在名为 Form1 的窗体上有一个名称为 Cmd1,标题为"显示"的命令按钮,一个名称为 List1 的列表框。要求程序运行后,如果多次单击列表框中的项,则可同时选择这些项。而如果单击"显示"按钮,则在窗体上输出所有选中的列表项,如下图所示。

要求:

修改列表框的适当属性，使得运行时可以多选；去掉程序中的注释符"'"，把程序中的问号"？"改为正确的内容，使其实现上述功能，但不得修改程序中的其他部分。最后把修改过的程序按原名保存。

★★★

第 51 题

如下图所示，在名为 Form1 的窗体上建立一个名为 Text1 的文本框，然后建立两个主菜单，标题分别为"等级"和"帮助"，名称分别为 vbMenu 和 vbHelp，其中"等级"菜单包括"A 级"、"B 级"和"C 级"3 个菜单项，名称分别为 vbMenu1、vbMenu2 和 vbMenu3。

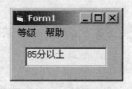

要求程序运行后，如果在"等级"的下拉菜单中选择"A 级"，则在文本框内显示："85 分以上"；如果选择"B 级"，则在文本框内显示："75 分至 85 分"；如果选择"C级"，则在文本框内显示："60 分至 75 分"。

注意：

不能使用任何变量，直接显示字符串；文件必须存放在考生文件夹中，窗体文件名为 execise51.frm，工程文件名为 execise51.vbp。

★★★

第 52 题

在考生文件夹中有工程文件 execise52.vbp 及其窗体文件 execise52.frm。在名为 Form1 的窗体有 3 个复选框，名称分别为 Chk1、Chk2 和 Chk3，标题依次为"数学"、"英语"和"政治"；还有一个名为 Cmd1 的命令按钮，标题为"显示"。

要求程序运行后，如果选中某个复选框，则当单击"显示"命令按钮时，则显示相应的信息。例如，如果选中"数学"和"英语"复选框，则单击"显示"命令按钮后，在窗体上显示"我喜欢的课程是数学英语"，如下图所示；而如果选中"数学"、"英语"和"政治"复选框，则单击"显示"按钮后，在窗体上显示"我喜欢的课程是数学英语政治"。

本程序不完整，请补充完整，并能正确运行。

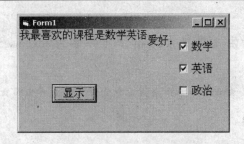

要求：

去掉程序中的注释符"'"，把程序中的问号"？"改为正确的内容，使其实现上述功能，但不得修改程序的其他部分。最后，按原文件名并在原文件夹中保存修改后的文件。

★★

第 53 题

在名为 Form1 的窗体上绘制一个名为 Text1 的文本框，再建立一个名为 vbFormat 的弹出式菜单，它含 3 个菜单项，标题分别为"加粗"、"斜体"和"下划线"，名称分别为 vbMenu1、vbMenu2、vbMenu3。

请编写适当的事件过程，在运行时当用鼠标右键单击文本框时，弹出此菜单，选中一个菜单项后，则进行菜单标题所描述的操作，如下图所示。

注意：

文件必须存放在考生文件夹中，工程文件名为 execise53.vbp，窗体文件名为 execise53.frm。

★★

第 54 题

在名为 Form1 的窗体上建立一个文本框，名为 Text1；一个命令按钮，名为 Cmd1，标题为"计算"，如下图所示。程序运行后，单击"计算"命令按钮，通过在对话框输入整数 10，放入整型变量 a 中，然后计算 a!（提示：运算结果应放入 Long 型变量中），在文本框中显示结果，并把结果存入文件 output.txt 中（在考生文件夹中有一个标准模块 mode.bas，该模块中提供了保存文件的过程 putdata，考生可以直接调用）。

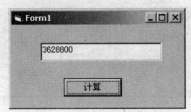

注意:

文件必须存放在考生文件夹中，窗体文件名为 execise54.frm，工程文件名为 execise54.vbp。

☆☆☆☆☆☆☆☆☆☆☆☆☆☆☆☆☆☆☆☆☆☆☆☆☆☆☆☆☆☆☆☆☆☆☆☆☆☆☆

第 55 题

在考生文件夹中有一个工程文件 execise55.vbp，它包含两个名称分别为 Form1 和 Form2 的窗体，Form1 和 Form2 窗体上建立了标题分别为 Cmd1 和 Cmd2 的按钮。请先把 Form1 上按钮的标题改为 End，把 Form2 上按钮的标题改为 Display，并将 Form2 设为启动窗体，将 Form1 设为不显示。

该程序实现的功能是：在程序运行时显示 Form2 窗体，单击 Form2 上的 Display 按钮，则显示 Form1 窗体；若单击 Form1 上的 End 按钮，则关闭 Form1 和 Form2，并结束程序运行。

注意:

请去掉程序中的注释符"'"，把程序中的问号"？"改为正确的内容，使其实现上述功能，但不得修改程序的其他部分。最后，按原文件名并在原文件夹中保存修改后的文件。

正确程序运行后的界面如下图所示。

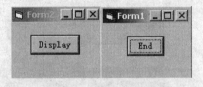

☆☆☆☆☆☆☆☆☆☆☆☆☆☆☆☆☆☆☆☆☆☆☆☆☆☆☆☆☆☆☆☆☆☆☆☆☆☆☆

第 56 题

在考生文件夹中有一个工程文件 execise56.vbp 和窗体文件 execise56.frm。请在名为 Form1 的窗体上绘制 3 个文本框，其名称分别为 Text1、Text2 和 Text3，文本框内容分别设置为"等级考试"、"计算机"和空白。然后绘制 2 个单选按钮，其名称分别为 Opt1 和 Opt2，标题分别为"交换"和"连接"。编写适当的事件程序，使程序运行后，如果选中"交换"单选按钮并单击窗体，则 Text1 文本框中内容与 Text2 文本框中内容进行交换，并在 Text3 文本框中显示"交换成功"；如果选中"连接"单选按钮并单击窗体，则把 Text1 和 Text2 的内容按 Text1 在前，Text2 在后的顺序连接起来，并在 Text3 文本框中显示连接后的内容，如下图所示。保存时，工程文件名为 execise56.vbp，窗体文件名为 execise56.frm。

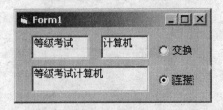

注意：

不得修改已经给出的程序。在结束程序运行之前，必须选中一个单选按钮，并单击窗体。退出程序时必须通过单击窗体右上角的关闭按钮，否则可能无成绩。

☆☆☆☆☆☆☆☆☆☆☆☆☆☆☆☆☆☆☆☆☆☆☆☆☆☆☆☆☆☆☆☆☆☆☆☆☆

第 57 题

在考生文件夹中有一个工程文件 execise57.vbp 及其窗体文件 execise57.frm。请在名为 Form1 的窗体上绘制两个单选按钮（名称分别为 Opt1 和 Opt2，标题分别为"添加项目"和"删除项目"）、一个列表框（名为 List1）和一个文本框（名为 Text1）。

编写窗体的 Click 事件过程。程序运行后，如果选择"添加项目"单选按钮，然后单击窗体，则从键盘上输入要添加的项目（内容任意，不少于 3 个）后，会添加到列表框中；如果选择"删除项目"单选按钮，然后单击窗体，则从键盘上输入要删除的项目后，会将其从列表框中删除。程序的运行情况如下图所示。

本程序不完整，请补充完整。

要求：

去掉程序中的注释符"'"，把程序中的问号"？"改为适当的内容，使其正确运行，但不得修改程序的其他部分。最后，按原文件名并在原文件夹中保存修改后的文件。

☆☆☆☆☆☆☆☆☆☆☆☆☆☆☆☆☆☆☆☆☆☆☆☆☆☆☆☆☆☆☆☆☆☆☆☆☆

第 58 题

在考生文件夹中有一个工程文件 execise58.vbp（相应的窗体文件名为 execise58.frm）。在名为 Form1 的窗体上有 4 个文本框，初始内容为空；一个命令按钮，标题为"降序排列"。功能是通过调用过程 Sort 将数组按降序排序。请装入该文件。程序运行后，在 4 个文本框中各输入一个整数，然后单击命令按钮，即可使数组按降序排序，并在文本框中显示出来（如下图所示）。

本程序不完整，请补充完整，并能正确运行。

要求：

去掉程序中的注释符"'"，把程序中的问号"？"改为正确的内容，使其实现上述功能，但不得修改程序的其他部分。最后，按原文件名并在原文件夹中保存修改后的文件。

☆☆

第 59 题

在考生文件夹中有一个工程文件 execise59.vbp，相应的窗体文件为 execise59.frm。在名为 Form1 的窗体上有一个命令按钮和一个文本框（如下图所示）。程序运行后，单击命令按钮，即可计算出数组 arr 中每个元素与其下标相除所得的和，并在文本框中显示出来。在窗体的代码窗口中，已给出了部分程序，其中计算数组 arr 中每个元素与其下标相除所得的和的操作在通用过程 Fun 中实现，请编写该过程的代码。

要求：

请勿改动程序中的其他部分，只在 Function Fun()和 End Function 之间填入所编写的若干语句并运行程序。最后，按原文件名并在原文件夹中保存修改后的文件。

说明：数组 arr 中共有 40 个元素，所谓"数组 arr 中每个元素与其下标相除所得的和"，指的是：$arr(1)/1 + arr(2)/2 + arr(3)/3 + \cdots + arr(40)/40$。

☆☆

第 60 题

在考生文件夹中有一个工程文件 execise60.vbp，相应的窗体文件为 execise60.frm。在名为 Form1 的窗体上有两个命令按钮，其名称分别为 Cmd1 和 Cmd2；一个标签控件，其名称为 Lab1；一个计时器控件，其名称为 Timer1。

程序运行后，在命令按钮 Cmd1 中显示 Begin，在命令按钮 Cmd2 中显示 Stop，在标签中用字体大小为 16 的粗体显示 Welcome（标签的 AutoSize 属性为 True），同时把计时器的 Interval 属性设置为 50，Enabled 属性设置为 True。此时如果单击 Begin 命令按钮，则该按钮变为禁用，标题变为 GoOn，同时标签自左至右移动，每个时间间隔移动 20，如下图所示，移动出窗体右边界后，自动从左边界开始向右移动；如果单击 Stop 命令按钮，则该按钮变为禁用，GoOn 命令按钮变为有效，同时标签停止移动；再次单击 GoOn 命令按钮后，标签继续移动。

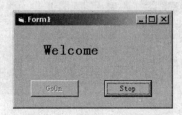

本程序不完整，请补充完整，并能正确运行。

要求：

去掉程序中的注释符"'"，把程序中的问号"？"改为正确的内容，使其实现上述功能，但不得修改程序的其他部分。最后，按原文件名并在原文件夹中保存修改后的文件。

☆☆

第 61 题

在考生文件夹中有一个工程文件 execise61.vbp（相应的窗体文件名为 execise61.frm），请装入该文件，在名为 Form1 的窗体上绘制两个命令按钮（其名称分别为 Cmd1 和 Cmd2，标题分别为 Add 和 Delete），再绘制一个列表框（名称为 List1）和一个文本框（名称为 Text1）。编写适当的事件过程，使程序运行后，如果单击 Add 命令按钮，则从键盘上输入要添加到列表框中的项目（内容任意，不少于 3 个）；如果单击 Delete 命令按钮，则从键盘上输入要删除的项目，并将其从列表框中删除。程序的运行情况如下图所示。

提供的窗体文件可以实现上述功能。但本程序不完整，请补充完整。

要求：

去掉程序中的注释符"'"，把程序中的问号"？"改为适当的内容，使其正确运行，但不得修改程序的其他部分。最后，按原文件名并在原文件夹中保存修改后的文件。

☆☆

第 62 题

在考生文件夹中有一个工程文件 execise62.vbp（相应的窗体文件名为 execise62.frm）。在名为 Form1 的窗体上有 4 个文本框，初始内容为空；1 个命令按钮，标题为"求 Min"。功能是通过调用过程 FindMin 求数组的最小值，请装入该文件。程序运行后，在 4 个文本框中各输入一个整数，然后单击命令按钮，即可求出数组的最小值，并在窗体上显示出来，如下图所示。

本程序不完整，请补充完整，并能正确运行。

要求：

去掉程序中的注释符"'"，把程序中的问号"？"改为正确的内容，使其实现上述功能，但不得修改程序的其他部分。最后，按原文件名并在原文件夹中保存修改后的文件。

★★★

第 63 题

在考生文件夹中有一个工程文件 execise63.vbp 及窗体文件 execise63.frm。在名为 Form1 上有一个名称为 Cmd1，标题为 Hide 的命令按钮。在 Form2 上有一个名称为 Cmd2，标题为 Display 的命令按钮。它的功能是在运行时只显示名为 Form2 的窗体，单击 Form2 上的 Display 按钮，则显示名为 Form1 的窗体；单击 Form1 上的 Hide 按钮，则 Form1 的窗体消失。这个程序不完整。

要求：

（1）把 Form2 设为启动窗体；把 Form1 上按钮的标题改为 Hide，把 Form2 上按钮的标题改为 Display。

（2）去掉程序中的注释符"'"，把程序中的问号"？"改为正确的内容，使其实现上述功能，但不得修改程序的其他部分。最后把修改后的文件存盘。

（3）工程文件和窗体文件仍按原名保存。

正确程序运行后的界面如图所示。

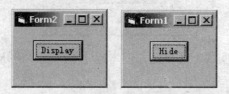

★★★

第 64 题

在考生文件夹中有工程文件 execise64.vbp 及其窗体文件 execise64.frm。在名为 Form1 的窗体上有一个名称为 Text1 的文本框，还有两个名称分别为 Chk1 和 Chk2、标题分别为"电子商务"和"物流"的复选框，一个名称为 Cmd1、标题为"确定"的命令按钮。编写适当的事件过程，使程序运行后，如果只选中"电子商务"，然后单击"确定"命令按钮，则在文本框中显示"学习电子商务"；如果只选中"物流"，然后单击"确定"命令按钮，则在文本框中显示"学习物流"；如果同时选中"电子商务"和"物流"，然后单击"确定"命令按钮，则在文本框中显示："学习电子商务和物流"（如下图所示）；如果"电子商务"和"物流"都不选，然后单击"确定"命令按钮，则在文本框中什么都不显示。

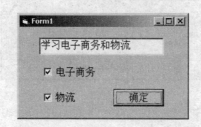

本程序不完整，请补充完整，并能正确运行。

要求：

去掉程序中的注释符"'"，把程序中的问号"？"改为正确的内容，使其实现上述功能，但不得修改程序的其他部分。最后，按原文件名并在原文件夹中保存修改后的文件。

★★★

第 65 题

在考生文件夹中有工程文件 execise65.vbp 及其窗体文件 execise65.frm。在名为 Form1 的窗体上有 3 个文本框，名称分别为 Text1、Text2 和 Text3；1 个命令按钮名称为 Cmd1，标题为"计算"，如下图所示。

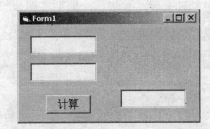

要求程序运行后，在 Text1 和 Text2 中分别输入两个整数，单击"计算"按钮后，可把两个整数之间的所有整数（含着两个整数）累加起来并在 Text3 中显示出来。

要求：

在有问号"？"的地方填入正确内容，然后删除"？"及所有注释符"'"，但不得修改其他部分。保存时不得改变文件名和文件夹。

★★★

第 66 题

在考生文件夹中有文件 execise66.vbp 及其窗体文件 execise66.frm。在名为 Form1 的窗体上建立一个名称为 Text1 的文本框；两个复选框，名称分别为 Chk1 和 Chk2，标题分别为"足球协会"和"网络协会"。

要求程序运行后，如果只选中"足球协会"并单击窗体，则在文本框中显示"报名参加足球协会"（如下图所示）；如果只选中"网络协会"，然后单击窗体，则在文本框中显示"报名参加网络协会"；如果同时选中"足球协会"和"网络协会"，单击窗体，则在文本框中显示"报名参加足球协会和网络协会"；如果"足球协会"和"网络协会"都不选取，在单击窗体后，则在文本框中什么都不显示。

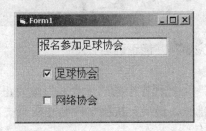

要求：

在有问号"？"的地方填入正确内容，然后删除"？"及所有注释符"'"，但不得修改其他部分。保存时不得改变文件名和文件夹。

★★

第 67 题

在考生文件夹中有工程文件 execise67.vbp 及窗体文件 execise67.frm。在名为 Form1 的窗体上有 3 个 Label 控件和两个命令按钮，Label 控件均为提示信息。命令按钮名称分别为 Cmd1 和 Cmd2，标题分别为 Quit 和 Begin。程序运行后，单击 Begin 按钮，程序自动利用循环计算 1+2+3……+10 的结果，并把结果写入到考生文件夹中 out67.dat 文件中。执行完毕，Begin 按钮变成 End 按钮，且无效（变灰），参见下图。

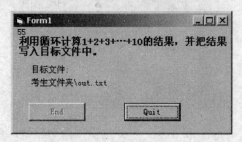

要求：

在有问号"？"的地方填入正确内容，然后删除"？"及所有注释符"'"，但不得修改其他部分。保存时不得改变文件名和文件夹。

★★

第 68 题

在考生文件夹中有一个工程文件 execise68.vbp（相应的窗体文件名为 execise68.frm）。在名为 Form1 的窗体上有 4 个文本框，初始内容为空；1 个命令按钮，标题为"求 Max"。其功能是通过调用过程 FindMax 求数组的最大值。请装入该文件。程序运行后，在 4 个文本框中各输入一个整数，然后单击命令按钮，即可求出数组的最大值，并在窗体上显示出来（如下图所示）。。

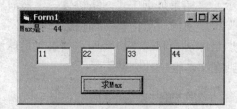

本程序不完整，请补充完整，并能正确运行

要求：

去掉程序中的注释符"'"，把程序中的问号"？"改为正确的内容，使其实现上述功能，但不得修改程序的其他部分。最后，按原文件名并在原文件夹中保存修改后的文件。

☆☆☆☆☆☆☆☆☆☆☆☆☆☆☆☆☆☆☆☆☆☆☆☆☆☆☆☆☆☆☆☆☆☆☆

第 69 题

在考生文件夹中有工程文件 execise69.vbp 及窗体文件 execise69.frm。在名为 Form1 的窗体中有 3 个水平滚动条（名称分别为 HS1，HS2，HS3），4 个标签框（名称分别为 Lab1、Lab2、Lab3 和 Lab4），如下图所示，Lab1～Lab3 的 Text 分别为："红"、"绿"、"蓝"；Lab4 用来显示颜色变化。

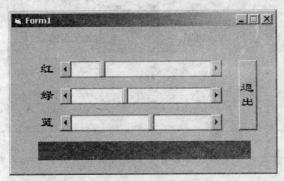

要求程序运行后，标签框 Lab4 的颜色随着红、绿、蓝三种颜色滚动条的变化而变化。试在 HS1、HS2、HS3 中输入相应的代码以实现程序功能。

本程序不完整，请补充完整，并能正确运行。

要求：

去掉程序中的注释符"'"，把程序中的问号"？"改为正确的内容，使其实现上述功能，但不得修改程序的其他部分。最后，按原文件名并在原文件夹中保存修改后的文件。

☆☆☆☆☆☆☆☆☆☆☆☆☆☆☆☆☆☆☆☆☆☆☆☆☆☆☆☆☆☆☆☆☆☆☆

第 70 题

在考生文件夹中有工程文件 execise70.vbp 及窗体文件 execise70.frm。在名为 Form1 的窗体上有 2 个框架、7 个标签和 7 个文本框，所有控件已经画好。该程序的功能是：根据给定的图形的三边的边长来判断图形的类型。若为三角形则同时计算出为何种三角形、及三角形的周长和面积。

要求完成"判断并计算"按钮的如下功能：

（1）判断输入的条件是否为三角形，若是三角形则在 Text1 中显示"是三角形"；在 Text2 中显示是何种三角形。

（2）单击"清除再来"按钮可以将所有显示框清空，且按钮本身变为不可选取状态。当单击"判断并计算"按钮之后重新恢复为可选状态。

附加信息：

（1）三角形存在的条件为任一边不为 0 且任两边之和大于第三边。

（2）若一边具有 $a^2+b^2=c^2$，则为直角三角形；若所有边具有 $a^2+b^2>c^2$，则为锐角三角形；若一边具有 $a^2+b^2<c^2$，则为钝角三角形。

本程序不完整，请补充完整，并能正确运行。程序运行情况如下图所示。

要求:

去掉程序中的注释符"'",把程序中的问号"？"改为正确的内容,使其实现上述功能,但不得修改程序的其他部分。最后,按原文件名并在原文件夹中保存修改后的文件。

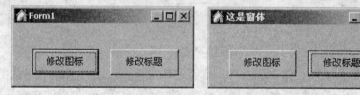

****

第 71 题

在考生文件夹中有工程文件 execise71.vbp 及窗体文件 execise71.frm。在名为 Form1 的窗体中有两个命令按钮,名称分别是 Cmd1 和 Cmd2,标题分别是"修改图标"和"修改标题"。要求程序运行后,单击"修改图标"命令按钮,则将窗体标题栏中的图标换为图标文件 pic1.ico(该文件在考生文件夹中);单击"修改标题"命令按钮,则将窗体标题修改为"这是窗体",如下图所示。

本程序不完整,请补充完整,并能正确运行。

要求:

去掉程序中的注释符"'",把程序中的问号"？"改为正确的内容,使其实现上述功能,但不得修改程序的其他部分。最后,按原文件名并在原文件夹中保存修改后的文件。

☆☆☆☆☆☆☆☆☆☆☆☆☆☆☆☆☆☆☆☆☆☆☆☆☆☆☆☆☆☆☆☆☆☆☆☆☆☆

第 72 题

在考生文件夹中有工程文件 execise72.vbp 及窗体文件 execise72.frm。在名为 Form1 的窗口中有一个名称为 Cmd1、标题为"读取字型"的命令按钮,一个名称为 Com1 的下拉组合框和一个提示标签 Lab1。要求程序运行后,单击"读取字型"按钮读取系统的字型,在 Com1 中显示。

本程序不完整,请补充完整,并能正确运行。

要求：

去掉程序中的注释符"'"，把程序中的问号"？"改为正确的内容，使其实现上述功能，但不得修改程序的其他部分。最后，按原文件名并在原文件夹中保存修改后的文件。

☆☆☆☆☆☆☆☆☆☆☆☆☆☆☆☆☆☆☆☆☆☆☆☆☆☆☆☆☆☆☆☆☆☆☆☆☆

第 73 题

在考生文件夹中有一个工程文件 execise73.vbp 及窗体文件 execise73.frm。在名为 Form1 的窗体上有一个圆和一条直线（直线的名称为 Line1）构成一个钟表的图案；有两个命令按钮，名称分别为 Cmd1 和 Cmd2，标题分别为 Begin 和 Stop；还有一个名为 Timer1 的计时器。

程序运行时，钟表指针不动，单击 Begin 按钮，则钟表上的指针（即 Line1）开始顺时针旋转（每秒转 6°，一分钟转一圈）；单击 Stop 按钮，则指针暂停旋转。运行时的窗体如下图所示。请设置计时器的适当属性，使得每秒激活计时器的 Timer 事件一次；编写两个按钮的 Click 事件过程。文件中已经给出了所有控件和部分程序，不得修改已有程序和其他控件的属性；编写的事件过程中不得使用变量，且只能写一条语句。最后，按原文件名并在原文件夹中保存修改后的文件。

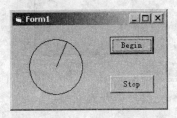

☆☆☆☆☆☆☆☆☆☆☆☆☆☆☆☆☆☆☆☆☆☆☆☆☆☆☆☆☆☆☆☆☆☆☆☆☆

第 74 题

在考生文件夹中有文件 execise74.vbp 及其窗体文件 execise74.frm。在名为 Form1 的窗体上有一个名称为 Text1 的文本框；两个复选框，名称分别为 Chk1 和 Chk2，标题分别为"羽毛球班"和"足球班"；一个名称为 Cmd1、标题为"确定"的命令按钮。

要求程序运行后，如果只选中"羽毛球班"，单击"确定"命令按钮，则在文本框中显示："报名参加羽毛球班"；如果只选中"足球班"，单击"确定"命令按钮，则在文本框中显示："报名参加足球班"；如果同时选中"羽毛球班"和"足球班"，单击"确定"命令按钮，则在文本框中显示："报名参加羽毛球班和足球班"（如下图所示）；如果"羽毛球班"和"足球班"都不选，单击"确定"命令按钮，则在文本框中什么都不显示。

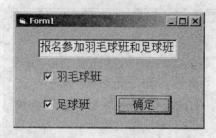

本程序不完整，请补充完整，并能正确运行。

要求：

去掉程序中的注释符"'"，把程序中的问号"？"改为正确的内容，使其实现上述功能，但不得修改程序的其他部分。最后，按原文件名并在原文件夹中保存修改后的文件。

✮✮✮

第 75 题

在窗体（名称为 Form1，KeyPreview 属性为 True）上绘制一个列表框（名称为 List1）和一个文本框（名称为 Text1）。编写窗体的 KeyDown 事件过程。程序运行后，如果按 A 键，则从键盘上输入要添加到列表框中的项目（内容任意，不少于 3 个）；如果按 D 键，则从键盘上输入要删除的项目，将其从列表框中删除。程序的运行情况如下图所示。

在考生文件夹中有一个工程文件 execise75.vbp（相应的窗体文件名为 execise75.frm），可以实现上述功能。但本程序不完整，请补充完整。

要求：

去掉程序中的注释符"'"，把程序中的问号"？"改为适当的内容，使其正确运行，但不得修改程序的其他部分。最后，按原文件名并在原文件夹中保存修改后的文件。

✮✮✮

第 76 题

在考生文件夹中有一个工程文件 execise76.vbp（相应的窗体文件名为 execise76.frm），在名为 Form1 的窗体上有 4 个文本框，初始内容为空；1 个命令按钮，标题为 Average。其功能是通过调用过程 Average 求数组的平均值。请装入该文件。程序运行后，在 4 个文本框中各输入一个整数，然后单击命令按钮，即可求出数组的平均值，并在窗体上显示出来，如下图所示。

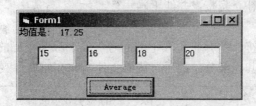

本程序不完整，请补充完整，并能正确运行。

要求：

去掉程序中的注释符"'"，把程序中的问号"？"改为正确的内容，使其实现上述功能，但不得修改程序的其他部分。最后，按原文件名并在原文件夹中保存修改后的文件。

★★★

第 77 题

在考生文件夹中有一个工程文件 execise77.vbp 及窗体文件 execise77.frm。在名为 Form1 的窗体上有两个框架，其中一个框架中有两个单选按钮，另一个框架中有两个复选框，窗体上还有一个标题为"确定"的命令按钮和一个初始内容为空的文本框。所有控件已经全部画出。程序的功能是：在运行时，如果选中一个单选按钮和一个或两个复选框，则对文本框中的文字做相应的设置，如下图所示。

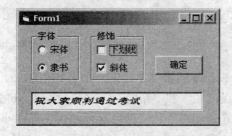

窗体上的控件已经绘制出，但没有给出主要程序内容，请编写适当的事件过程，完成上述功能。

注意：

不能修改已经给出的程序部分和已有的控件；在结束程序运行之前，必须选中一个单选按钮和至少一个复选框，并单击"确定"按钮；必须通过单击窗体右上角的"关闭"按钮结束程序，否则无成绩。最后，按原文件名并在原文件夹中保存修改后的文件。

★★★

第 78 题

在考生文件夹中有文件 execise78.vbp 及其窗体文件 execise78.frm。在名为 Form1 的窗体上有两个复选项，名称分别为 Chk1 和 Chk2，标题分别为"寒假"和"暑假"；两个单选按钮，名称分别为 Opt1 和 Opt2，标题分别为"今年有"和"今年没有"；一个名称为

Lab1 的标签（如下图所示）。要求程序运行后，对复选框和单选按钮进行选择，然后单击窗体，可根据下表的规定在标签中显示相应的信息。

本程序不完整，请补充完整，并能正确运行。

要求：

去掉程序中的注释符"'"，把程序中的问号"？"改为正确的内容，使其实现上述功能，但不得修改程序的其他部分。最后，按原文件名并在原文件夹中保存修改后的文件。

选择	在标签中显示的信息
Chk1、Chk2和Opt1	今年既放寒假也放暑假
Chk1和Opt1	今年只放寒假
Chk2和Opt1	今年只放暑假
Chk1、Chk2和Opt2	今年既不放寒假也不放暑假
Chk1和Opt2	今年不放寒假
Chk2和Opt2	今年不放暑假

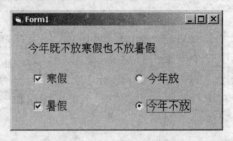

★★★

第 79 题

如下图所示，在名为 Form1 的窗体上建立一个名称为 Text1 的文本框；然后建立两个主菜单，标题分别为"超级市场"和"帮助"，名称分别为 vbMenu 和 vbHelp，其中"超级市场"菜单包括"国际连锁超市"、"国内连锁超市"和"小超市"3 个菜单项，名称分别为 vbMenu1、vbMenu2 和 vbMenu3。要求程序运行后，在"超级市场"的下拉菜单中选择"国际连锁超市"，则在文本框内显示："家乐福"；如果选择"国内连锁超市"，则在文本框内显示"华联"；如果选择"小超市"，则在文本框内显示："学校超市"。

注意：

文件必须存放在考生文件夹中，窗体文件名为 execise79.frm，工程文件名为 execise79.vbp。

✫✫✫✫✫✫✫✫✫✫✫✫✫✫✫✫✫✫✫✫✫✫✫✫✫✫✫✫✫✫✫✫✫✫✫✫✫✫✫

第 80 题

在考生文件夹中有工程文件 execise80.vbp 及窗体文件 execise80.frm。在名为 Form1 的窗体上有一个名为 Image1 的图像框。要求程序运行后，鼠标左键单击图像框，则图像框变大；鼠标右键单击图像框，则图像框变小。如下图所示。

本程序不完整，请补充完整，并能正确运行。

要求：

去掉程序中的注释符"'"，把程序中的问号"？"改为正确的内容，使其实现上述功能，但不得修改程序的其他部分。最后，按原文件名并在原文件夹中保存修改后的文件。

✫✫✫✫✫✫✫✫✫✫✫✫✫✫✫✫✫✫✫✫✫✫✫✫✫✫✫✫✫✫✫✫✫✫✫✫✫✫✫

第 81 题

在考生文件夹中有一个工程文件 execise81.vbp 及窗体文件 execise81.frm。在名为 Form1 的窗体上已经绘制出所有控件，如下图所示。在 Text1 文本框中输入一个任意的字符串（要求串的长度≥10），然后选择组合框中的 3 个截取运算选项之一。单击"确定"按钮，将截取运算后的结果显示在 Text2 中。

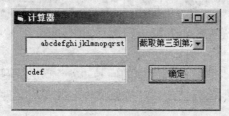

窗体文件中已经给出了程序，但不完整，请去掉程序中的注释符"'"，把程序中的问号"？"改为正确的内容。

注意：

不得修改已经给出的程序。最后，按原文件名并在原文件夹中保存修改后的文件。

✫✫✫✫✫✫✫✫✫✫✫✫✫✫✫✫✫✫✫✫✫✫✫✫✫✫✫✫✫✫✫✫✫✫✫✫✫✫✫

第 82 题

在考生文件夹中有一个工程文件 execise82.vbp 及窗体文件 execise82.frm。在名为 Form1

的窗体上有 1 个单选按钮数组，含 3 个单选按钮，标题分别是"小学生"、"中学生"和"大学生"；还有 1 个标题为"显示"的命令按钮。程序的功能是：在运行时，如果选中一个单选按钮并单击"显示"按钮，则在窗体上显示相应的信息，例如若选中"小学生"，则在窗体上显示"我是大学生"（如下图所示）。

要求：

去掉程序中的注释符"'"，.把程序中的问号"？"改为正确的内容，使其实现上述功能，但不得修改程序的其他部分，也不得修改控件的属性。最后原名保存修改后的文件。

★★

第 83 题

在考生文件夹中有工程文件 execise83.vbp 及窗体文件 execise83.frm。在名为 Form1 的窗体中有一个名为 Image1 的图像框，有一个名为 Timer1 的计时器，有一个名为 HS1 的滚动条，还有一个名为 Cmd1、标题为 Begin 的命令按钮。要求程序运行后，单击 Begin 按钮，则图像框中的图片根据计时器中设定的时间间隔交替变更，如果改变滚动条中滚动框的位置，则图片交替变换的速度也随之变化（如下图所示）。

 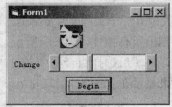

本程序不完整，请补充完整，并能正确运行。

要求：

去掉程序中的注释符"'"，把程序中的问号"？"改为正确的内容，使其实现上述功能，但不得修改程序的其他部分。最后，按原文件名并在原文件夹中保存修改后的文件。

★★

第 84 题

在考生文件夹中有一个工程文件 execise84.vbp 及窗体文件 execise84.frm。在名为 Form1 的窗体中的两个水平滚动条分别表示红灯亮和绿灯亮的时间（秒），移动滚动框可以调节时间，调节范围为 1~10 秒。刚运行时，红灯亮。单击 Begin 按钮则开始切换：红灯到时后，自动变为黄灯，1 秒后变为绿灯；绿灯到时后，自动变为黄灯，1 秒后变为红灯，如此循环切换，如下图所示。

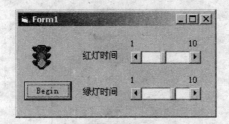

所提供的窗体文件已经给出了所有控件和程序，但程序不完整，请去掉程序中的注释符"'"，把程序中的问号"？"改为正确的内容。

提示：

在 3 个图片框 Pic1、Pic2 和 Pic3 中分别放置了红灯亮、绿灯亮和黄灯亮的图标，并重叠在一起，当要使某个灯亮时，就使相应的图片框可见，而其他图片框不可见，并保持规定的时间，时间到就切换为另一个图片框可见，其他图片框不可见。

注意：

不得修改工程中已经存在的内容和控件属性。最后，按原文件名并在原文件夹中保存修改后的文件。

★★

第 85 题

在名为 Form1 的窗体中绘制一个名称为 Lab1 的标签，其标题为"0"，BorderStyle 属性为 1；再添加一个名称为 Timer1 的计时器。请设置适当的控件属性，并编写适当的事件过程，使得在运行时，每隔一秒钟标签中的数字加 1。如下图所示的是程序刚启动时的情况。

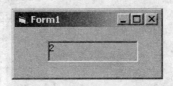

注意：

程序中不得使用任何变量；文件必须存放在考生文件夹中，工程文件名为execise85.vbp，窗体文件名为 execise85.frm。

★★

第 86 题

在考生文件夹中有一个工程文件 execise86.vbp 及窗体文件 execise86.frm。在名为 Form1的窗体上有一个名称为 List1 的列表框和一个名称为 Cmd1、标题为"显示"的命令按钮。要求程序运行后，如果多次单击列表框中的项，则可同时选择这些项。而如果单击"显示"按钮，则在窗体上输出所有选中的列表项，如下图所示。

要求：

修改列表框的适当属性，使得运行时可以多选，并去掉程序中的注释符"'"，把程序中的问号"？"改为正确的内容，使其实现上述功能，但不得修改程序中的其他部分。最后把修改过的程序按原名保存。

★★

第 87 题

如下图所示，在名为 Form1 的窗体上建立一个名称为 Text1 的文本框，然后建立两个主菜单，标题分别为"名单"和"帮助"，名称分别为 vbMenu 和 vbHelp，其中"名单"菜单包括"张平"、"李杰"和"王海"3 个菜单项，名称分别为 vbMenu1、vbMenu2 和 vbMenu3。

要求程序运行后，如果在"名单"的下拉菜单中选择"张平"，则在文本框内显示"张平"；如果选择"李杰"则在文本框内显示"李杰"（如下图所示）；如果选择"王海"则在文本框内显示"王海"。

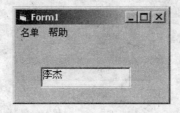

注意：

文件必须存放在考生文件夹中，窗体文件名为 execise87.frm，工程文件名为 execise87.vbp。

★★

第 88 题

在考生文件夹中有一个工程文件 execise88.vbp 及窗体文件 execise88.frm。在名称为 Form1 的窗体中有一个组合框和一个命令按钮，如下图所示。

在运行程序时，如果在组合框中输入一个项目并单击命令按钮，则搜索组合框中的项目，如果没有此项，则把此项添加到列表中；如果有此项，则弹出提示："已有此项"，然后清除输入的内容。

要求：

去掉程序中的注释符"'"，把程序中的问号"？"改为正确的内容，使其实现上述功能，但不得修改程序的其他部分，也不得修改控件的属性。最后原名保存修改后的文件。

★★

第 89 题

在考生文件夹中有一个工程文件 execise89.vbp 及窗体文件 execise89.frm。请在名为 Form1 的窗体上绘制两个复选框，名称分别为 Chk1 和 Chk2，标题分别为"物理"和"高等数学"；绘制一个文本框，名为 Text1；再绘制一个命令按钮，名为 Cmd1，标题为"确定"，如下图所示。

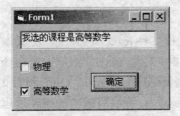

请编写适当的事件过程，使得在运行时，选中复选框并单击"确定"按钮，就可以按照下表的要求把结果显示在文本框中。按原名并在原文件夹中保存。

注意：

不得修改窗体文件中已经存在的程序，退出程序时必须通过单击窗体右上角的"关闭"按钮。在结束程序运行之前，必须进行产生下表一个结果的操作。

物理	高等数学	文本框显示
不选	不选	我选的课程是
选中	不选	我选的课程是物理
不选	选中	我选的课程是高等数学
选中	选中	我选的课程是物理高等数学

★★

第 90 题

如下图所示，在名为 Form1 的窗体上建立一个名称为 Text1 的文本框；建立两个主菜单，其标题分别为"颜色"和"帮助"，名称分别为 vbColor 和 vbHelp，其中"颜色"菜单包括"红色"、"绿色"和"黄色"3 个菜单项，名称分别为 vbRed、vbGreen 和 vbYellow（如下图所示）。

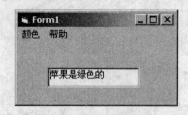

程序运行后，如果单击"红色"菜单项，则文本框内显示"西红柿是红色的"；如果单击"绿色"菜单项，则在文本框内显示"苹果是绿色的"；如果单击"黄色"菜单项，则在文本框内显示"香蕉是黄色的"。

要求：

不能使用任何变量，直接显示字符串；文件必须存放在考生文件夹中，窗体文件名为execise90.frm，工程文件名为 execise90.vbp。

☆☆

第 91 题

在考生文件夹中有一个工程文件 execise91.vbp 及窗体文件 execise91.frm。请在名为Form1 的窗体上绘制一个文本框，名为 Text1；绘制一个命令按钮，名为 Cmd1，标题为"确定"；再绘制 3 个单选按钮，名称分别为 Opt1、Opt2 和 Opt3，标题分别为"汽车"、"自行车"和"步行"（如下图所示）。请编写适当的事件过程，使得在运行时，选中一个单选按钮并单击"确定"按钮后，按照下表在文本框中显示相应内容。

汽车	自行车	步行	在文本框中显示内容
选中			需要1小时
	选中		需要5小时
		选中	需要15小时

注意：

不得修改已经给出的程序。退出程序时必须通过单击窗体右上角的"关闭"按钮。在结束程序运行之前，必须选中一个单选按钮，并单击"确定"按钮。否则可能无成绩。

☆☆

第 92 题

在考生文件夹中有工程文件 execise92.vbp 及窗体文件 execise92.frm。在名为 Form1 的窗体中有一个 RichText 文本框控件（名称为 rtx1），一个文本框控件（名称为 Text1），两个命令按钮（名称分别为 Cmd1 和 Cmd2，标题分别为"加入 92.TXT"和"统计字符个数"），如下图所示。

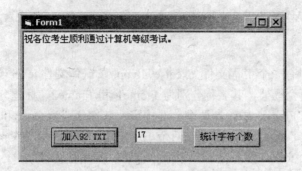

要求程序运行后，单击"加入 92.TXT"按钮将考生文件夹中的 92.txt 的内容显示到 rtx1 中；单击"统计字符个数"按钮统计 Text1 中有多少个字符并将结果显示在 Text1 中。

本程序不完整，请补充完整；并能正确运行。

要求：

去掉程序中的注释符"'"，把程序中的问号"？"改为正确的内容，使其实现上述功能，但不得修改程序的其他部分。最后，按原文件名并在原文件夹中保存修改后的文件。

☆☆☆☆☆☆☆☆☆☆☆☆☆☆☆☆☆☆☆☆☆☆☆☆☆☆☆☆☆☆☆☆☆☆☆☆☆☆

第 93 题

在考生文件夹中有工程文件 execise93.vbp 及窗体文件 execise93.frm。在名为 Form1 的窗体中有 1 个文本框、2 个框架和 3 个命令按钮，在每个框架中各有 3 个单选按钮，所有控件已经画出。本题要求：程序启动时文本框的默认文字为 Input，默认的字体为"宋体"，字号为五号；程序运行过程中可以修改文本框的内容；在单击 Init 按钮时恢复启动时的状态；在单击 Clear 按钮后，文本框的内容为空，并恢复默认的字体、字号；选择相应的字体和字号可以设置文本框内文字的字体和属性。如下图所示。

本程序不完整，请补充完整，并能正确运行。

要求：

去掉程序中的注释符"'"，把程序中的问号"？"改为正确的内容，使其实现上述功能，但不得修改程序的其他部分。最后，按原文件名并在原文件夹中保存修改后的文件。

★★★

第 94 题

在考生文件夹中有一个工程文件 execise94.vbp 及窗体文件 execise94.frm。请在名为 Form1 窗体上绘制两个框架，其名称分别为 Frame1 和 Frame2，标题分别为"交通工具"和"到达目标"。在 Frame1 中绘制两个单选按钮，名称分别为 Opt1 和 Opt2，标题分别为"飞机"和"火车"。在 Frame2 中绘制两个单选按钮，名称分别为 Opt3 和 Opt4，标题分别为"上海"和"西安"。然后绘制一个命令按钮，其名称为 Cmd1，标题为"确定"。再绘制一个文本框，其名称为 Text1。

编写适当事件过程。程序运行后，选择不同单选按钮时产生的显示结果见下表。

选中的单选按钮		单击"确定"按钮
交通工具	到达目标	文本框中显示的内容
飞机	上海	坐飞机去上海
飞机	西安	坐飞机去西安
火车	上海	坐火车去上海
火车	西安	坐火车去西安

程序的运行情况如下图所示。

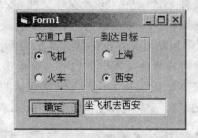

注意：

不得修改窗体文件中已经存在的程序，在结束程序运行之前，必须至少进行上面的一种操作。退出程序时必须通过单击窗体右上角的"关闭"按钮。按原文件名并在原文件夹中保存修改后的文件。

★★★

第 95 题

在考生文件夹中有一个工程文件 execise95.vbp 及窗体文件 execise95.frm。请在名为 Form1 的窗体上绘制 3 个文本框，其名称分别为 Text1、Text2 和 Text3，文本框内容分别设置为"计算机等级考试"、Visual Basic 和空白。然后绘制两个单选按钮，其名称分别为 Opt1 和 Opt2，标题分别为 Change 和 Join。编写适当的事件程序。

程序运行后，如果选中 Change 单选按钮并单击窗体，则 Text1 文本框中内容与 Text2

文本框中内容进行交换，并在 Text3 文本框中显示 OK（如下图所示）；如果选中 Join 单选按钮并单击窗体，则把 Text1 和 Text2 的内容按 Text1 在前，Text2 在后的顺序连接起来，并在 Text3 文本框中显示连接后的内容。修改后的文件仍按原文件名保存在原文件夹下。

 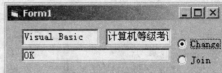

注意：

不得修改已经给出的程序。在结束程序运行之前，必须选中一个单选按钮，并单击窗体。退出程序时必须通过单击窗体右上角的关闭按钮，否则可能无成绩。

★★★★★★★★★★★★★★★★★★★★★★★★★★★★★★★★★★★★★★★

第 96 题

在考生文件夹中有一个工程文件 execise96.vbp 及窗体文件 execis96.frm。在名为 Form1 的窗体上有一个命令按钮 Cmd1（标题为 NEXT）。要求在窗体上建立一个单选按钮数组 Opt1，含 4 个单选按钮，标题分别为 First、Second、Third 和 Forth，初始状态下，First 为选中状态。程序运行情况如下图所示。

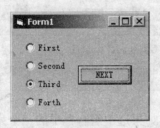

窗体文件中已经给出了命令按钮的 Click 事件过程，但不完整，请去掉程序中的注释符"'"，把程序中的问号"？"改为正确的内容，使得每单击命令按钮一次，就选中下一个单选按钮，如果已经选中最后一个单选按钮，再单击命令按钮，则选中第 1 个单选按钮。

注意：

不能修改程序的其他部分。最后，按原文件名并在原文件夹中保存修改后的文件。

★★★★★★★★★★★★★★★★★★★★★★★★★★★★★★★★★★★★★★★

第 97 题

考生文件夹中有一个工程文件 execise97.vbp 及窗体文件 execise97.frm。在名为 Form1 的窗体上有 2 个文本框（名称为 Text1 和 Text2）、3 个单选按钮（标题分别为"大小写互换"、"全部大写"和"全部小写"）和 1 个命令按钮（标题为"互换"）。运行时，在 Text1 中输入若干个大写和小写字母，并选中 1 个单选按钮，再单击"转换"按钮，则按选中的单选按钮的标题进行转换，结果放入 Text2，如下图所示。

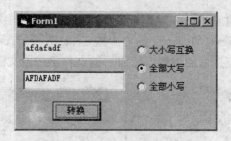

在给出的窗体文件中已经给出了全部控件，但程序不完整，要求去掉程序中的注释符"'"并把程序中的问号"？"改为正确的内容。

注意：

不能修改程序的其他部分。最后，按原文件名并在原文件夹中保存修改后的文件。

★★

第 98 题

在考生文件夹中有一个工程文件 execise98.vbp 及窗体文件 execise98.frm。在名为 Form1 的窗体上有 1 个组合框 Com1，其中已经预设了内容；还有 1 个文本框 Text1 和 3 个命令按钮（名称分别为 Cmd1、Cmd2 和 Cmd3，标题分别为"修改"、"确定"和"添加"）。程序运行时，"确定"按钮不可用，如下图所示。

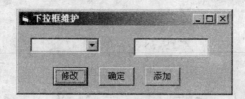

程序的功能是：在运行时，如果选中组合框中的一个列表项，单击"修改"按钮，则把该项复制到 Text1 中（可在 Text1 中修改），并使"确定"按钮可用；若单击"确定"按钮，则把修改后的 Text1 中的内容替换组合框中该列表项的原有内容，同时使"确定"按钮不可用；若单击"添加"按钮，则把在 Text1 中的内容添加到组合框中。

注意：

所提供的窗体文件已经给出了所有控件和程序，但程序不完整。请去掉程序中的注释符"'"，把程序中的问号"？"改为正确的内容，但不得修改程序的其他部分，也不得修改控件的属性。最后，按原文件名并在原文件夹中保存修改后的文件。

★★

第 99 题

在考生文件夹中有工程文件 execise99.vbp 和窗体文件 execise99.frm。在名为 Form1 的窗体上有一个名为 Text1 的文本框，有两个命令按钮（名称分别是 Cmd1 和 Cmd2，标题分别是 Read 和 Save）。要求程序运行后，单击 Read 按钮，将文本文件 in99.txt 中的所有数字读到数组 arr 中，并在文本框内显示出来。随后 Read 按钮变为无效；然后单击 Save 按钮，求出数组 arr 中的各元素的立方并赋值回相应的元素,例如,arr(2)=2,则令 arr(2)=arr(2) *arr(2) *arr(2)=8。把计算后的数组的值全部写入考生文件夹中的文本文件 out99.txt 中,并在文本框中显示出来,最后 Save 按钮也变为无效。

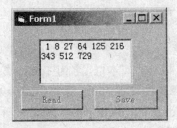

本程序不完整,请补充完整,并能正确运行。

要求:

去掉程序中的注释符"'",把程序中的问号"?"改为正确的内容,使其实现上述功能,但不得修改程序的其他部分。最后,按原文件名并在原文件夹中保存修改后的文件。

★★

第 100 题

在考生文件夹中有一个工程文件 execise100.vbp 及窗体文件 execise100.frm。请在名为 Form1 的窗体上绘制两个框架(如下图所示)其名称分别为 Frame1 和 Frame2,标题分别为"交通工具"和"到达目标"。在 Frame1 中绘制两个单选按钮,名称分别为 Opt1 和 Opt2,标题分别为"飞机"和"火车"。在 Frame2 中绘制两个单选按钮,名称分别为 Opt3 和 Opt4,标题分别为"大连"和"哈尔滨"。然后绘制一个命令按钮,其名称为 Cmd1,标题为"确定"。再绘制一个标签,其名称为 Lab1,宽度为 3000,高度为 375。

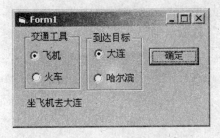

编写适当事件过程。程序运行后,选择不同单选按钮时产生的显示结果见下表。

选中的单选按钮		单击"确定"按钮
交通工具	到达目标	文本框中显示的内容
飞机	大连	坐飞机去大连
飞机	哈尔滨	坐飞机去哈尔滨
火车	大连	坐火车去大连
火车	哈尔滨	坐火车去哈尔滨

注意:

不得修改窗体文件中已经存在的程序。在结束程序运行之前，必须至少进行上面的一种操作。退出程序时必须通过单击窗体右上角的"关闭"按钮。最后按原文件名并在原文件夹中保存修改文件。

✦✦✦✦✦✦✦✦✦✦✦✦✦✦✦✦✦✦✦✦✦✦✦✦✦✦✦✦✦✦✦✦✦✦✦✦✦

第 101 题

在名为 Form1 的窗体上绘制一个文本框，名为 Text1；绘制一个命令按钮，名为 Cmd1，标题为"显示"，它的 TabIndex 属性设置为 0。请为 Cmd1 设置适当的属性，使得当焦点在 Cmd1 上时，按 Esc 键就调用 Cmd1 的 Click 事件，该事件过程的作用是在文本框中显示"等级考试"，程序运行结果如下图所示。

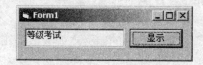

注意：

文件必须存放在考生文件夹中，工程文件名为 execise101.vbp，窗体文件名为 execise101.frm。

✦✦✦✦✦✦✦✦✦✦✦✦✦✦✦✦✦✦✦✦✦✦✦✦✦✦✦✦✦✦✦✦✦✦✦✦✦

第 102 题

在名为 Form1 的窗体上绘制一个文本框，名为 Text1，无初始内容；再建立一个下拉菜单，菜单标题为"操作"，名为 vbOp，此菜单下含有两个菜单项，名称分别为 vbDis 和 vbHid，标题分别为"显示"和"隐藏"。

请编写适当的事件过程，使得在运行时，单击"显示"菜单项，则在文本框中显示"等级考试"；如果单击"隐藏"命令，则隐藏文本框。运行时的窗体如下图所示。

注意：

文件必须存放在考生文件夹中，工程文件名为 execise102.vbp，窗体文件名为 execise102.frm。

✦✦✦✦✦✦✦✦✦✦✦✦✦✦✦✦✦✦✦✦✦✦✦✦✦✦✦✦✦✦✦✦✦✦✦✦✦

第 103 题

在考生文件夹中有一个工程文件 execise103.vbp 及窗体文件 execise103.frm。请在名为 Form1 的窗体中绘制 3 个标签，名称分别为 Lab1、Lab2 和 Lab3，标题分别为 FontSize、FontName 和"计算机等级考试"（其中 Lab3 的高为 500，宽为 3000）；再在 Lab1 和 Lab2 标签的下面绘制两个组合框，名称分别为 Com1 和 Com2，并为 Com1 添加项目："10"、

"15"和"20"，为 Com2 添加项目："黑体"、"隶书"和"宋体"。以上内容请在设计时实现。

请编写适当的事件过程，使得在运行时，当在 Com1 中选一个字号、在 Com2 中选一个字体，标签 Lab3 中的文字立即变为选定的字号和字体，如下图所示。

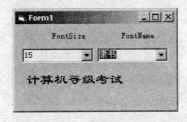

注意：

不得修改窗体文件中已经存在的程序，在结束程序运行之前，必须选择一种字号和字体。必须用窗体右上角的"关闭"按钮结束程序，否则无成绩。最后，按原文件名存盘，程序中不能使用任何变量。

☆☆☆☆☆☆☆☆☆☆☆☆☆☆☆☆☆☆☆☆☆☆☆☆☆☆☆☆☆☆☆☆☆☆

第 104 题

在考生文件夹中有一个工程文件 execise104.vbp 及窗体文件 execise104.frm。在名为 Form1 的窗体中有两个图片框，名称分别为 P1 和 P2，其中的图片分别是一个航天飞机和一朵云彩；有一个计时器，名为 Timer1 有一个命令按钮，名为 Cmd1，标题为"发射"。并给出了两个事件过程，但并不完整，要求：

（1）设置计时器的属性，使其在初始状态下不计时。

（2）设置计时器的属性，使其每隔 0.1 秒调用 Timer 事件过程一次。

（3）去掉程序中的注释符"'"，把程序中的问号"？"改为正确的内容，使得在运行时单击"发射"按钮，则航天飞机每隔 0.1 秒向上移动一次，当到达云彩的下方时停止移动，如下图所示。

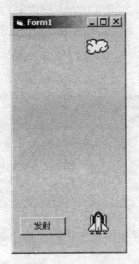

注意：

不能修改程序的其他部分。最后，按原文件名并在原文件夹中保存修改后的文件。

★★★

第 105 题

在考生文件夹中有一个工程文件 execise105.vbp，请在 Form1 窗体上建立一个名称为 Opt1 的单选按钮数组，含有 3 个单选按钮，其标题分别为"7！"、"8！"、"9！"，Index 属性分别为 0、1、2；再绘制一个名称为 Cmd1 的命令按钮，标题为"计算"；绘制一个名称为 Text1 的文本框，如图所示。

程序的功能是在选定一个单选按钮并单击"计算"按钮后，可以计算出相应的阶乘值，在 Text1 中显示该阶乘值。请绘制出上述控件并编写程序。

注意：

不得修改工程中已经存在的内容，在结束程序运行之前，必须进行一次计算。必须通过单击窗体右上角的关闭按钮结束程序，否则无成绩。最后按原文件名存盘。

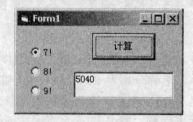

★★★

第 106 题

在考生文件夹中有一个工程文件 execise106.vbp 及窗体文件 execise106.frm。请在名为 Form1 的窗体上绘制两个框架（如下图所示），其名称分别为 Frame1 和 Frame2，标题分别为"交通工具"和"到达目标"。在 Frame1 中绘制两个单选按钮，名称分别为 Opt1 和 Opt2，标题分别为"飞机"和"火车"。在 Frame2 中绘制两个单选按钮，名称分别为 Opt3 和 Opt4，标题分别为"杭州"和"昆明"。绘制一个图片框，其名称为 Pic1，宽度为 2000，高度为 500。

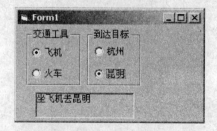

编写适当事件过程。程序运行后，选择不同单选按钮时产生的显示结果见下表。

| 选中的单选按钮 | | 单击"确定"按钮 |
交通工具	到达目标	文本框中显示的内容
飞机	杭州	坐飞机去杭州
飞机	昆明	坐飞机去昆明
火车	杭州	坐火车去杭州
火车	昆明	坐火车去昆明

注意:

不得修改窗体文件中已经存在的程序,在结束程序运行之前,必须至少进行上面的一种操作。退出程序时必须通过单击窗体右上角的"关闭"按钮。最后按原文件名并在原文件夹中保存修改文件。

☆☆☆☆☆☆☆☆☆☆☆☆☆☆☆☆☆☆☆☆☆☆☆☆☆☆☆☆☆☆☆☆☆☆☆☆☆☆☆

第 107 题

在考生文件夹中有一个工程文件 execise107.vbp 及窗体文件 execise107.frm。在名为 Form1 的窗体上已经绘制出所有控件,如下图所示。在运行时,如果单击 Move 按钮,则窗体上的汽车图标每 0.1 秒向右移动一次(初始状态下不移动);如果单击 Stop 按钮,则停止移动。

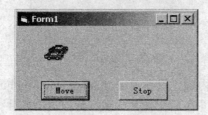

要求:

(1)设置适当控件的适当属性,使得汽车图标每 0.1 秒向右移动一次,而初始状态下不移动。

(2)请去掉程序中的注释符"'",把程序中的问号"?"改为正确的内容。

(3)为两个命令按钮编写适当的事件过程。最后以原文件名保存。

注意:

不得修改已经给出的程序。编写的事件过程中不能使用变量,每个事件过程中只能有一条语句。

☆☆☆☆☆☆☆☆☆☆☆☆☆☆☆☆☆☆☆☆☆☆☆☆☆☆☆☆☆☆☆☆☆☆☆☆☆☆☆

第 108 题

在考生文件夹中有一个工程文件 execise108.vbp,相应的窗体文件为 execise108.frm。在名为 Form1 的窗体中有一个名称为 Cmd1,标题为"输出最小随机数"的命令按钮(如下图所示)。其功能是产生 50 个 0～2000 的随机整数,放入一个数组中,然后输出其中的最小值。程序运行后,单击命令按钮,即可求出其最小值,并在窗体上显示出来。

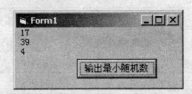

本程序不完整，请补充完整，并能正确运行。

要求：

去掉程序中的注释符"'"，把程序中的问号"？"改为正确的内容，使其实现上述功能，但不得修改程序的其他部分。最后，按原文件名并在原文件夹中保存修改后的文件。

★★

第 109 题

在考生文件夹中有一个工程文件 execise109.vbp，相应的窗体文件为 execise109.frm，如下图所示，在名为 Form1 的窗体上有一个命令按钮和一个文本框。程序运行后，单击命令按钮，即可计算出 0～2000 范围内能被 5 整除或能被 9 整除的整数的个数，并在文本框中显示出来。在窗体的代码窗口中，已给出了部分程序，其中计算能被 5 整除或能被 9 整除的整数的个数的操作在通用过程 Fun 中实现，请编写该过程的代码。

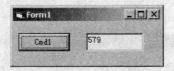

要求：

请勿改动程序中的任何内容，只在 Function Fun()和 End Function 之间填入所编写的若干语句。最后，按原文件名并在原文件夹中保存修改后的文件。

★★

第 110 题

在考生文件夹中有工程文件 execise110.vbp 及窗体文件 execise110.frm。如下图所示，在名为 Form1 的窗体上有一个 Label 控件，4 个 Text 控件及 7 个命令按钮，其功能如下：

（1）开始启动工程时，界面上除 Input 及 Quit 按钮之外,其他按钮均不可用（灰色显示）。

（2）单击 Input 按钮之后，利用 InputBox 让用户连续且必须录入 10 个数。若录入为非数字符号，则给出警告"输入数据无效，请重新输入数值数据，请输入第 n 个数"。

（3）录入完毕后，Input 按钮变灰，其他按钮变为可用状态。

（4）按相应的按钮可分别求出所录入数据的升序、降序排列及最大、最小值，并在右侧对应的文本框中显示（注意用 A(10) 存放最大数，A(1) 存放最小数）。

（5）单击 Clear 按钮将所有文本框清空。

本程序不完整，请补充完整，并能正确运行。

要求：

去掉程序中的注释符"'"，把程序中的问号"？"改为正确的内容，使其实现上述功能，但不得修改程序的其他部分。最后，按原文件名并在原文件夹中保存修改后的文件。

☆☆☆☆☆☆☆☆☆☆☆☆☆☆☆☆☆☆☆☆☆☆☆☆☆☆☆☆☆☆☆☆☆☆☆☆☆

第111题

在名为 Form1 的窗体上绘制一个名称为 Pic1 的图片框，并利用属性窗口把考生文件夹中的图标文件 Open.ico 放到图片框中；再绘制一个通用对话框控件，名为 CD1，利用属性窗口设置相应属性，即打开对话框时：标题为"打开文件"，文件类型为"Word 文档"，初始文件夹为 C 盘根文件夹。

编写适当的事件过程，使得在运行时，单击 Pic1 图片框，可以打开上述对话框。运行后的窗体如下图所示。

注意：
程序中不得使用任何变量；文件必须存放在考生文件夹中，工程文件名为execise111.vbp，窗体文件名为 execise111.frm。

☆☆☆☆☆☆☆☆☆☆☆☆☆☆☆☆☆☆☆☆☆☆☆☆☆☆☆☆☆☆☆☆☆☆☆☆☆

第112题

在考生文件夹中有一个工程文件 execise112.vbp（相应的窗体文件名为 execise112.frm），请装入该文件。在名为 Form1 的窗体上绘制一个列表框（名称为 List1）和一个文本框（名称为 Text1）。编写窗体的 MouseDown 事件过程。

程序运行后，如果用鼠标左键单击窗体，则从键盘上输入要添加到列表框中的项目（内容任意，不少于 3 个）；如果用鼠标右键单击窗体，则从键盘上输入要删除的项目，将其从列表框中删除。程序的运行情况如下图所示。

提供的窗体文件可以实现上述功能，但本程序不完整，请补充完整。

要求：

去掉程序中的注释符"'"，把程序中的问号"？"改为适当的内容，使其正确运行，但不得修改程序的其他部分。最后，按原文件名并在原文件夹中保存修改后的文件。

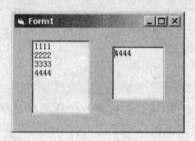

☆☆☆

第 113 题

在考生文件夹中有工程文件 execise113.vbp 及窗体文件 execise113.frm。在名为 Form1 的窗体上有一个标签数组，名为 Lab1，该数组有 4 个控件元素，标题分别是 Wait、Edit、Aix 和 Move，如下图所示。

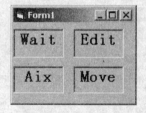

在程序运行后，将鼠标指针移动到各控件元素上，则鼠标指针的形状将变成各控件元素的标题所代表的鼠标指针形状；离开控件元素，则鼠标指针又变成正常情况下的箭头形状。

本程序不完整，请补充完整，并能正确运行。

要求：

去掉程序中的注释符"'"，把程序中的问号"？"改为正确的内容，使其实现上述功能，但不得修改程序的其他部分。最后，按原文件名并在原文件夹中保存修改后的文件。

☆☆☆

第 114 题

在考生文件夹中有一个工程文件 execise114.vbp（相应的窗体文件名为 execise114.frm）。在名为 Form1 的窗体上有 4 个文本框，初始内容为空；1 个命令按钮，标题为"按降序排列"。其功能是通过调用过程 Sort 将数组按降序排序。程序运行后，在 4 个文本框中各输入一个整数，然后单击命令按钮，即可使数组按降序排序，并在文本框中显示出来，如下图所示。

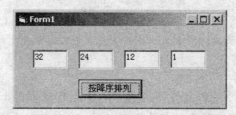

本程序不完整，请补充完整，并能正确运行。

要求：

去掉程序中的注释符 "'"，把程序中的问号 "？" 改为正确的内容，使其实现上述功能，但不得修改程序的其他部分。最后，按原文件名并在原文件夹中保存修改后的文件。

☆☆☆☆☆☆☆☆☆☆☆☆☆☆☆☆☆☆☆☆☆☆☆☆☆☆☆☆☆☆☆☆☆☆☆☆☆

第 115 题

在考生文件夹下有一个工程文件 execise115.vbp 及窗体文件 execise115.frm，请在窗体上画两个框架，其名称分别为 Frame1 和 Frame2，标题分别为 "交通工具" 和 "到达目标"。在 Frame1 中画两个单选按钮，名称分别为 Opt1 和 Opt2，标题分别为 "飞机" 和 "火车"。在 Frame2 中画两复选框，名称分别为 Chk1 和 Chk2，标题分别为 "广州" 和 "昆明"。然后画一个命令按钮，其名称为 Cmd1，标题为 "确定"。再画一个标签，其名称为 Lab1，宽度为 3000，高度为 375。编写适当事件过程。程序运行后，选择不同单选按钮并单击命令按钮后在标签框中显示的结果见下表。

选中的单选按钮	选中的复选框	单击 "确定" 按钮后产生的结果
交通工具	到达目标	（文本框中显示的内容）
飞机	广州	坐飞机去广州
飞机	昆明	坐飞机去昆明
飞机	广州和昆明	坐飞机去广州和昆明
火车	广州	坐火车去广州
火车	昆明	坐火车去昆明
火车	广州和昆明	坐火车去广州和昆明

程序的运行情况如下图所示。存盘时，工程文件名为 execise115.vbp，窗体文件名为 execise115.frm。

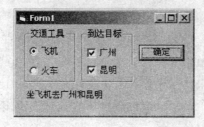

注意：

考生不得修改窗体文件中已经存在的程序，在结束程序运行之前，必须至少进行上面的一种操作。退出程序时必须通过单击窗体右上角的关闭按钮。最后按原文件名并在原文件夹中保存修改文件。

★★

第 116 题

在考生文件夹中有一个工程文件 execise116.vbp 及窗体文件 execise116.frm。在名为 Form1 的窗体中有一个水平滚动条（名称为 HS1），一个文本框（名称为 Text1，初始内容为 0），一个命令按钮（名称为 Cmd1，标题为 Move）。它的功能是在文本框中输入一个整数，单击 Move 按钮后，如果输入的是正数，滚动条中的滚动框向右移动与该数相等的刻度，但如果超过了滚动条的最大刻度，则不移动，并且在文本框中显示 Too Big；如果输入的是负数，滚动条中的滚动框向左移动与该数相等的刻度，但如果超过了滚动条的最小刻度，则不移动，并且在文本框中显示 Too Small，如下图所示。

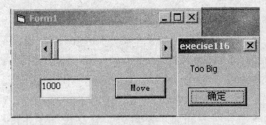

要求：

去掉程序中的注释符"'"，把程序中的问号"？"改为正确的内容，使其实现上述功能，但不得修改程序的其他部分，也不得修改控件的属性。最后把修改过的程序按原名保存。

★★

第 117 题

在名为 Form1 的窗体上建立一个文本框，名为 Text1；建立一个命令按钮，名为 Cmd1，标题为"计算"的，如下图所示。

要求程序运行后，如果单击"计算"按钮，则求出 1～30 之间所有可以被 7 整除的数的乘积并在文本框中显示出来，结果存入考生文件夹中的 out117.txt 文件中。

在考生的文件夹中有一个 mode.bas 标准模块，该模块中提供了保存文件的过程 putdata，考生可以直接调用。

注意：

文件必须存放在考生文件夹中，窗体文件名为 execise117.frm，工程文件名为 execise117.vbp。

★★

第 118 题

在考生文件夹中有工程文件 execise118.vbp 及窗体文件 execise118.frm。如下图所示，在名为 Form1，标题为"求和程序"的窗体上有 3 个 Label 控件，2 个 Text 控件和 3 个命令按钮。该程序的主要功能是求从 1 到 Text1 中用户输入的任意自然数 n 的累加和：

（1）刚启动工程时，Result 和 Clear 按钮均为灰色。

（2）可以在输入框内输入任意自然数（n 值太大时，运算时间将很长，建议不超过 9 位）。在输入数的同时 Result 按钮变为可用。当输入为非数值时，累加结果为 0。

（3）单击 Result 按钮可以在 Text2 中显示累加和，且该框内的文字不可修改；同时 Result 按钮变灰，Clear 按钮变为可用。

（4）单击 Clear 按钮，输入框和显示框均显示"0"。

（5）单击 Close 按钮结束程序的运行。

运行结果如下图所示。

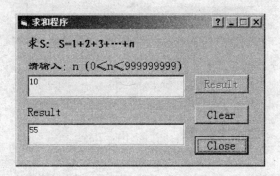

本程序不完整，请补充完整，并能正确运行。

要求：

去掉程序中的注释符"'"，把程序中的问号"？"改为正确的内容，使其实现上述功能，但不得修改程序的其他部分。最后，按原文件名并在原文件夹中保存修改后的文件。

★★

第 119 题

在考生文件夹中有一个工程文件 execise119.vbp，相应的窗体文件为 execise119.frm。在名为 Form1 的窗体上有一个命令按钮（名称为 Cmd1，标题为"求和"），其功能是产生 30 个 0～1000 的随机整数，放入一个数组中，然后输出 它们的和。程序运行后，单击命令按钮，即可求出其和，并在窗体上显示出来，如下图所示。

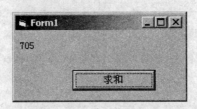

本程序不完整，请补充完整，并能正确运行。

要求：

去掉程序中的注释符"'"，把程序中的问号"？"改为正确的内容，使其实现上述功能，但不得修改程序的其他部分。最后，按原文件名并在原文件夹中保存修改后的文件。

☆☆☆☆☆☆☆☆☆☆☆☆☆☆☆☆☆☆☆☆☆☆☆☆☆☆☆☆☆☆☆☆☆☆☆☆☆☆☆

第 120 题

在考生文件夹下有一个工程文件 execise120.vbp（相应的窗体文件名为 execise120.frm）。窗体上有 4 个文本框，它们的初始内容为空；一个标题为"升序排列"的命令按钮，其功能是通过调用过程 Sort 将数组按升序排序。请装入该文件。程序运行后，在 4 个文本框中各输入一个整数，然后单击命令按钮，即可使数组按升序排序，并在文本框中显示出来（如下图所示），同时将其平均值在窗体标题上显示。

这个程序不完整，请把它补充完整，并能正确运行。

要求：

去掉程序中的注释符，把程序中的？改为正确的内容，使其实现上述功能，但不能修改程序中的其他部分。最后把修改后的文件按原文件名存盘。

☆☆☆☆☆☆☆☆☆☆☆☆☆☆☆☆☆☆☆☆☆☆☆☆☆☆☆☆☆☆☆☆☆☆☆☆☆☆☆

第三部分 综合应用题

第 1 题

在名为 Form1 的窗上建立一个名为 Text1 的文本框，将 MultiLine 属性设置为 True，ScrollBars 属性设置为 2。同时建立两个名称分别为 Cmd1 和 Cmd2 的命令按钮，标题分别为 Read 和 Save（如下图所示）。

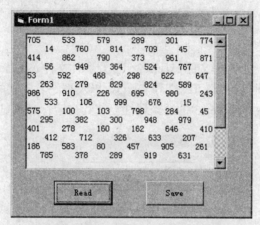

要求程序运行后，如果单击 Read 按钮，则读入 in1.txt 文件中的 100 个整数，放入一个数组中（数组下界为 1），同时在文本框中显示出来；如果单击 Save 按钮，则计算数组中大于或等于 1 并且小于 400 的所有数之和，把求和结果在文本框 Text1 中显示出来，同时把计算结果存入考生文件夹中的文件 out1.txt 中。（在 prog.bas 中的 putdata 过程可以把结果存入 out1.txt 文件，考生可以把该模块文件添加到自己的工程中，直接调用此过程）

注意：

文件必须存放在考生文件夹中，窗体文件名为 execise1.frm，工程文件名为 execise1.vbp，计算结果存入 out1.txt，否则没有成绩。

✩✩

第 2 题

在考生文件夹中有一个工程文件 execise2.vbp 及窗体文件 execise2.frm。在名为 Form1 的窗体上有一个文本框，名称为 Text1；还有两个命令按钮，名称分别为 Cmd1 和 Cmd2，标题分别为"计算"和"保存"，如下图所示。

有一个函数过程 isprime 可以在程序中直接调用，其功能是判断参数 a 是否为素数，如果是素数，则返回 True，否则返回 False。

编写适当的事件过程，使得在运行时，单击"计算"按钮，则找出大于 5000 的第 1 个素数，并显示在 Text1 中；单击"保存"按钮，则把 Text1 中的计算结果存入考生文件夹下的 out2.txt 文件中。

注意:

考生不得修改 isprime 函数过程和控件的属性,必须把计算结果通过"保存"按钮存入 out2.txt 文件中,否则无成绩。

☆☆☆

第 3 题

在考生文件夹下有一个工程文件 execise3.vbp 及窗体文件 execise3.frm。在名称为 Form1 的窗体上已有 3 个文本框 Text1、Text2 和 Text3,以及程序。请完成以下工作:

（1）在属性窗口中修改 Text3 的适当属性,使其在运行时不显示,窗体如下图所示。

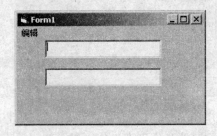

（2）建立下拉式菜单,如下表所示。

标题	名称
编辑	vbEdit
剪切	vbCut
复制	vbCopy
粘贴	vbPaste

（3）窗体文件中给出了所有事件过程,但不完整,请去掉程序中的注释符"'",把程序中的问号"?"改为正确的内容,以便实现以下功能:当光标所在的文本框中无内容时,"剪切"和"复制"菜单项不可用,否则可以把该文本框中的内容剪切或复制到 Text3 中;若 Text3 中无内容,则"粘贴"菜单项不能用,否则可以把 Text3 中的内容粘贴在光标所在的文本框中的内容之后。

注意:

不能修改程序中的其他部分。各菜单项的标题名称必须正确。存盘时,工程文件名为 execise3.vbp,窗体文件名为 execise3.frm。

☆☆☆

第 4 题

在名为 Form1 的窗体上建立一个文本框（名称为 Text1，MultiLine 属性为 True,ScrollBars 属性为 2）和两个命令按钮（名称分别为 Cmd1 和 Cmd2，标题分别为 Read 和 Save），如下图所示。

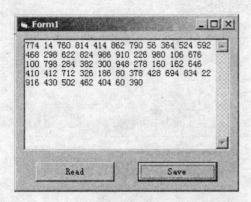

要求程序运行后，如果单击 Read 按钮则读入 in4.txt 文件中的 100 个整数，放入一个数组中（数组下界为 1）；如果单击 Save 按钮，则挑出 100 个整数中的所有偶数，在文本框 Text1 中显示出来，并把所有偶数之和存入考生文件夹中的文件 out4.txt 中。

在考生文件夹下有标准模块 mode1.bas，其中 putdata 过程可以把一个整型数存入 out4.txt 文件，考生可以把该模块文件添加到自己的工程中。

注意：

程序中对文件的操作统一使用相对路径；文件必须存放在考生文件夹中，窗体文件名为 execise4.frm，工程文件名为 execise4.vbp，结果存入 out4.txt 文件，否则没有成绩。

★★★

第 5 题

在名为 Form1 的窗体上建立一个文本框（名称为 Text1，MultiLine 属性为 True，ScrollBars 属性为 2）和两个命令按钮（名称分别为 Cmd1 和 Cmd2，标题分别为 Read 和 Save），如下图所示。

要求程序运行后，如果单击 Read 按钮，则读入 in5.txt 文件中的 100 个整数，放入一个数组中（数组下界为 1），同时在文本框 Text1 中显示出来；如果单击 Save 按钮，则计算其中前 50 个数之和，并把求和结果在文本框 Text1 中显示出来，同时把结果存入考生文件夹中的文件 out5.txt 中。

在考生的文件夹下有标准模块 mode.bas，其中的 putdata 过程可以把结果存入指定的文件，考生可以把该模块文件添加到自己的工程中，直接调用此过程。

注意：

文件必须存放在考生文件夹中，窗体文件名为 execise5.frm，工程文件名为 execise5.vbp，计算结果存入 out5.txt 文件，否则没有成绩。

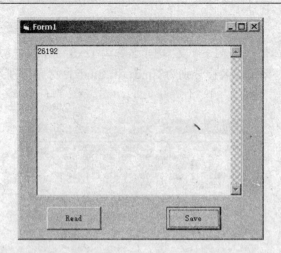

✮✮✮

第 6 题

在考生文件夹下有文件 in6.txt，文件中有几行汉字。请在窗体 Form1 上绘制一个文本框，名称为 Text1，能显示多行；再绘制一个命令按钮，名称为 Cmd1，标题为"保存"。并编写适当的事件过程，使得在加载窗体时，把 in6.txt 文件的内容显示在文本框中，然后在文本的最前面手工插入一行汉字："计算机等级考试"，如下图所示。最后单击"保存"按钮，可以把文本框中修改过的内容存到文件 out6.txt 中。

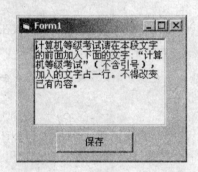

注意：

只能在最前面插入文字，不能修改原有文字。文件必须存放在考生文件夹中，以 execise6.vbp 为文件名存储工程文件，以 execise6.frm 为文件名存储窗体文件。

✮✮✮

第 7 题

在考生文件夹中有一个工程文件 execise7.vbp 及窗体文件 execise7.frm。在名为 Form1 的窗体中已经给出了所有控件，如下图所示。

编写适当的事件过程完成以下功能：单击 Read 按钮，则把考生目录下的 in7.txt 文件中的一个整数放入 Text1；单击 Calc 按钮，则计算出大于该数的第 1 个素数，并显示在 Text2

中；单击 Save 按钮，则把找到的素数存到考生目录下的 out7.txt 文件中。

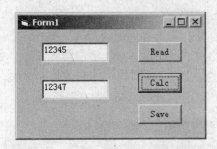

注意：

在结束程序运行之前，必须单击 Save 按钮，把结果存入 out7.txt 文件，否则无成绩。最后把修改后的文件按原文件名保存。

☆☆

第 8 题

在考生文件夹下有工程文件 execise8.vbp 及窗体文件 execise8.frm。在名为 Form1 的窗体上有 5 个 Label 控件和 2 个命令按钮，如下图所示。数据文件 in8.dat 存放了一些字符。具体要求如下：

（1）按 Begin 按钮后，能从考生文件夹下的 in8.dat 中读出数据并分别统计出其中数字、大写字母、小写字母和其他类型字符的个数，将结果写入考生文件夹下的 out8.dat 文件中（以标准格式在一行中输出）。

（2）执行完毕，Begin 按钮变成"完成"按钮，且无效（变灰），如下图所示。

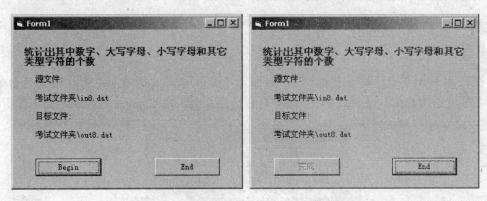

注意：

该程序不完整，请在有问号"？"的地方填入正确内容，然后删除问号"？"及所有注释符（即"'"），但不能修改其他部分。存盘时不得改变文件名和文件夹，相应的数据文件也保存到考生文件夹下，否则没有成绩。

☆☆

第 9 题

在考生文件夹下有一个工程文件 execise9.vbp，相应的窗体文件为 execise9.frm，此外还有一个名为 in9.txt 的文本文件，其内容如下：132 423 36 58 58 16 98 545 314 42 52 24 73 26 9 12 26 375 4 57 60 72 80 51 327。程序运行后，单击窗体，将把文件 in9.txt 中的数据输入到二维数组 Mat 中，在窗体上按 5 行、5 列的矩阵形式显示出来，然后交换矩阵第一行和第二行的数据，并在窗体上输出交换后的矩阵，如下图所示。

在窗体的代码窗口中，已给出了部分程序，这个程序不完整，请把它补充完整，并能正确运行。

要求：

去掉程序中的注释符"'"，把程序中的问号"?"改为正确的内容，使其实现上述功能，但不能修改程序中的其他部分。最后把修改后的文件按原文件名存盘。

☆☆☆☆☆☆☆☆☆☆☆☆☆☆☆☆☆☆☆☆☆☆☆☆☆☆☆☆☆☆☆☆☆☆☆☆☆☆☆

第 10 题

在窗体 Form1 上绘制一个文本框，名称为 Text1，允许多行显示；再绘制 3 个命令按钮，名称分别为 Cmd1、Cmd2 和 Cmd3，标题分别为 Input、Change 和 Save，如下图所示。

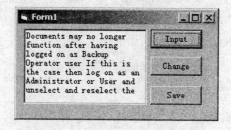

编写适当的事件过程，使得在运行时，单击 Input 按钮，则从考生文件夹中读入 in10.txt 文件（文件中只有字母和空格），放入 Text1 中；单击 Change 按钮，则把 Text1 中的所有小写字母转换为大写字母；单击 Save 按钮，则把 Text1 中的内容存入 out10.txt 文件中。

注意：

考生必须把转换后的内容用 Save 按钮存入 out10.txt 文件，否则无成绩。考生的工程文件以文件名 execise10.vbp 存盘，窗体文件以文件名 execise10.frm 存盘。

✩✩

第 11 题

在考生文件夹下有工程文件 execise11.vbp 及窗体文件 execise11.frm。在窗体 Form1 上有一个名为 Text1 的文本框，有 3 个命令按钮（名称分别是 Cmd1、Cmd2 和 Cmd3，标题分别是"明文"、"密文"和"保存"），如下图所示。

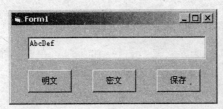 

要求程序运行后，单击"明文"按钮，将文本文件 in11.txt（该文件在考生文件夹下）中的文本信息读入文本框 Text1 中；单击"密文"按钮将 Text1 中的英文字母加密转换（转换方式为转换成该字母对应字母表中后两个位置的字母。例如，转换前的字母是"a"，则转换后的是"c"，转换前是"E"，转换后是"G"），并将转换后的结果显示到 Text1 中；单击"保存"按钮，则将转换后的文本框中的文本保存到 out11.txt 文件中（该文件保存到考生文件夹下）。

要求：

该程序不完整，请在有问号"？"的地方填入正确内容，然后删除问号"？"及所有注释符"'"，但不能修改其他部分。存盘时不得改变文件名和文件夹，相应的数据文件也保存到考生文件夹下，否则没有成绩。

✩✩

第 12 题

在窗体 Form1 上建立 3 个菜单（名称分别为 vbRead、vbCalc 和 vbSave，标题分别为"读数"、"计算"和"存盘"），然后绘制一个文本框（名称为 Text1，MultiLine 属性设置为 True，ScrollBars 属性设置"2），如下图所示。

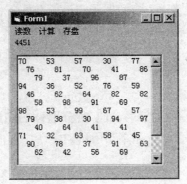

程序运行后，如果执行"读数"命令，则读入 in12.txt 文件中的 100 个整数，放入一个数组中，数组的下界为 1；如果执行"计算"命令，则把该数组中大于等于 30 的元素在文本框中显示出来，求出它们的和并把所求得的和在窗体上显示出来；如果执行"存盘"命令，则把所求得的和存入考生文件夹下的 out12.txt 文件中。

在考生文件夹下有一个工程文件 execise12.vbp（相应的窗体文件为 execise12.frm），考生可以装入该文件。窗体文件中的 ReadData 过程可以把 in12.txt 文件中的 100 个整数读入 Arr 数组中；而 WriteData 过程可以把指定的整数值写到考生文件夹指定的文件中（整数值通过计算求得，文件名为 out12.txt）。

注意：

考生不得修改窗体文件中已经存在的程序。存盘时，工程文件名仍为 execise12.vbp，窗体文件名仍为 execise12.frm。

✮✮

第 13 题

在考生文件夹下有工程文件 execise13.vbp 及窗体文件 execise13.frm。在名为 Form1 的窗体上有 5 个 Label 控件和 2 个命令按钮，数据文件 in13.dat 存放学生的编号、姓名、性别和体重，如下图所示。

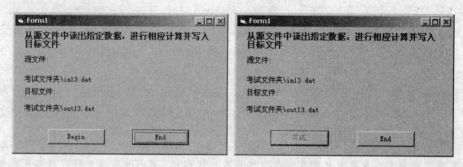

程序运行后，按 Begin 按钮后，能从考生文件夹下的 in13.dat 中读出数据并把体重大于平均体重的学生的所有数据写入考生文件夹下的 out13.dat 文件中。执行完毕，Begin 按钮变成"完成"按钮，且无效。

要求：

该程序不完整，请在有问号"？"的地方填入正确内容，然后删除问号"？"及所有注释符"'"，但不能修改其他部分。存盘时不得改变文件名和文件夹，相应的数据文件也保存到考生文件夹下，否则没有成绩。

✮✮

第 14 题

在窗体 Form1 上绘制 3 个命令按钮，其名称分别为 Cmd1、Cmd2 和 Cmd3，标题分别为"读数"、"计算"和"存盘"，如下图所示。

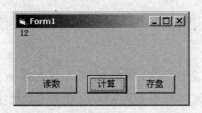

程序运行后，如果单击"读数"按钮，则调用题目所提供的 ReadDate1 和 ReadDate2 过程读入 in141.txt 和 in142.txt 文件中的各 20 个整数，分别放入 Arr1 和 Arr2 两个数组中；如果单击"计算"按钮，则把两个数组中对应下标的元素相减，其结果放入第 3 个数组中（即：第一个数组的第 n 个元素减去第二个数组的第 n 元素，其结果作为第 3 个数组的第 n 个元素。这里的 n 为 1，2，…，20），然后计算第 3 个数组各元素之和，并把所求得的和在窗体上显示出来；如果单击"存盘"按钮，则把所求得的和存入考生文件夹的 out14.txt 文件中。

在考生文件夹下有一个工程文件 execise14.vbp，考生可以装入该文件。窗体文件 execise14.frm 中的 ReadData1 和 ReadData2 过程可以把 in141.txt 和 in142.txt 文件中的整数分别读入 Arr1 和 Arr2 数组中；而 WriteData 过程可以把计算出的整数值写到考生文件夹指定的文件中（整数值通过计算求得，文件名为 out14.txt），考生可以直接调用。

注意：

考生不得修改窗体文件中已经存在的程序。存盘时，工程文件名仍为 execise14.vbp，窗体文件名仍为 execise14.frm。

☆☆

第 15 题

在考生文件夹下有文件 in15.txt，文件中有几行汉字。请在 Form1 的窗体上绘制一个文本框，名称为 Text1，能显示多行；再绘制一个命令按钮，名称为 Cmd1，标题为 Save。编写适当的事件过程，使得在加载窗体时，把 in15.txt 文件的内容显示在文本框中，然后在文本的最后面手工插入一行字："计算机等级考试 Visual Basic。"如下图所示。最后单击 Save 按钮，可以把文本框中修改过的内容存到文件 out15.txt 中。

注意：

只能在最后面插入文字，不能修改原有文字。文件必须存放在考生文件夹中，以 execise15.vbp 为文件名存储工程文件，以 execise15.frm 为文件名存储窗体文件。

★★★

第 16 题

在考生文件夹下有工程文件 execise16.vbp 及窗体文件 execise16.frm。在名为 Form1，标题为"分糖"的窗体上，有名称为 Frame1、标题为"分糖比赛"的一个 Frame 控件。其中 4 个 Picture 控件是 PicSmile 和 PicCry 控件数组，分别包含两个 Picture 控件，用来显示笑脸图案和哭脸图案，PicSmile(0)表示 Boy 的笑脸，PicCry(0)表示 Boy 的哭脸，PicSmile(1)表示 Girl 的笑脸，PicCry(1)表示 Girl 的哭脸。PicSmile(0)和 PicCry(0)重叠，PicSmile(1)和 PicCry(1)重叠。4 个 Label 控件，Lab1 名称为 Boy，Lab2 名称为 Girl，Lab3 为标签控件数组，包含 Lab3(0)和 Lab(1)两个标签控件，用来显示数量。4 个 Command 控件，分别为 Cmd1 和 Cmd2 命令按钮控件数组，各自包含两个命令按钮控件，Cmd1(0)和 Cmd2(0)标题为 Delete，Cmd1(1)和 Cmd2(1)标题为 Add。如下图所示。

PicSmile(0)和 PicSmile(1)为 Boy 和 Girl 的笑脸图案,PicCry(0)和 PicCry(1)为哭脸图案。PicSmile(0)和 PicCry(0)重叠，PicSmile(1)和 PicCry(1)重叠。具体要求如下：

（1）当程序运行时，程序启动时两人均为笑脸。两人当中所分糖比较多的呈现笑脸，另一个是哭脸；如果两人的糖一样多，则两人都为笑脸。

（2）按 Cmd1(0)和 Cmd1(1)时，Lab3(0)和 Lab3(1)减少。当 Lab3(0)或 Lab3(1)的值为零时，相对应的 Command 按钮失效（变灰）；按 Cmd2(0)和 Cmd1(1)时，Lab3(0)和 Lab3(1)增加。

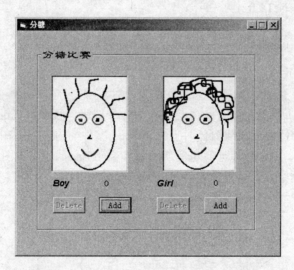

注意：

该程序是不完整的，请在有问号"？"的地方填入正确内容，然后删除问号"？"及所有注释符"'"，但不能修改 其他部分。存盘时不得改变文件名和文件夹。

★★★

第 17 题

在名为 Form1 的窗体上建立一个名为 Text1 的文本框，将 MultiLine 属性设置为 True，

ScrollBars 属性设置为 2。再建立两个名称分别为 Cmd1、Cmd2 和 Cmd3 命令按钮，标题分别为"读数"、"排序"和"保存"，如下图所示。

　　程序运行后，如果单击"读数"按钮，则读入 in17.txt 文件中的 100 个整数，放入一个数组中（数组下界为 1）；如果单击"排序"按钮，则对 100 个整数按从大到小进行排序；如果单击"保存"按钮，把排序后的全部数据在文本框 Text1 中显示出来，然后存入考生文件夹中的文件 out17.txt 中（在考生的目录下有标准模块 mode1.bas 过程可以把指定个数的数组元素存入 out17.txt 文件，考生可以把该模块文件添加到自己的工程中）。

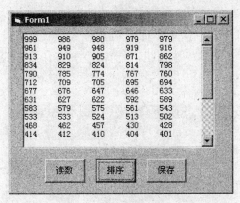

注意：
　　文件必须存放在考生文件夹中，窗体文件名为 execise17.frm，工程文件名 execise17.vbp，排序结果存入 out17.txt，否则没有成绩。

☆☆

第 18 题

　　在名为 Form1 的窗体上建立一个文本框（名称为 Text1，MultiLine 属性为 True，ScrollBars 属性为 2）和两个命令按钮（名称分别为 Cmd1 和 Cmd2，标题分别为 Read 和 Save，如下图所示。

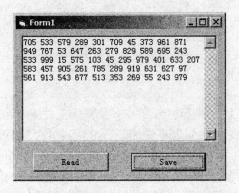

　　要求程序运行后，如果单击 Read 按钮，则读入 in18.txt 文件中的 100 个整数，放入一个数组中（数组下界为 1）；如果单击 Save 按钮，则挑出 100 个整数中的所有奇数，在文本框 Text1 中显示出来，并把所有奇数之和存入考生文件夹中的文件 out18.txt 中（在考生

127

文件夹下有标准模块 mode1.bas，其中 putdata 过程可以把一个整型数存入 out18.txt 文件，考生可以把该模块文件添加到自己的工程中）。

注意：

程序中对文件的操作统一使用相对路径；文件必须存放在考生文件夹中，窗体文件名为 execise18.frm，工程文件名为 execise18.vbp；结果存入 out18.txt 文件，否则没有成绩。

☆☆☆☆☆☆☆☆☆☆☆☆☆☆☆☆☆☆☆☆☆☆☆☆☆☆☆☆☆☆☆☆☆☆☆☆☆

第 19 题

在名为 Form1 的窗体上建立两个名称分别为 Opt1 和 Opt2、标题分别为 "100-300 之间素数" 和 "300-500 之间素数" 的单选按钮，一个名为 Text1 文本框和两个名称分别为 Cmd1 和 Cmd2，标题分别为 "计算" 和 "保存" 命令按钮，如下图所示。

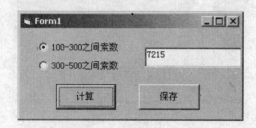

程序运行后，如果选中一个单选按钮并单击 "计算" 按钮，则计算出该单选按钮标题所指明的所有素数之和。并在文本框中显示出来。如果单击 "保存" 按钮，则把计算结果存入 out19.txt 文件中，该文件必须放在考生文件夹中（在考生文件夹中有标准模块 mode.bas，其中的 putdata 过程可以把结果存入指定的文件，而 isprime 函数可以判断整数 x 是否为素数，如果是素数，则函数返回 True，否则返回 False，考生可以将该模块文件添加到自己的工程中）。

注意：

必须把 300～500 之间的素数之和存入考生文件夹下的 out19.txt 文件中，否则没有成绩。保存程序时必须存放在考生文件夹中，窗体文件名为 execise19.frm，工程文件名为 execise19.vbp。

☆☆☆☆☆☆☆☆☆☆☆☆☆☆☆☆☆☆☆☆☆☆☆☆☆☆☆☆☆☆☆☆☆☆☆☆☆

第 20 题

在考生文件夹下有工程文件 execise20.vbp 及窗体文件 execise20.frm。在窗体 Form1 上有一个名为 List1 的列表框，列表框中有若干的列表项，通过属性窗口设置列表框的 MultiSelect 属性为 1。还有两个命令按钮，名称分别是 Cmd1 和 Cmd2，标题分别是 Select All 和 Save（如下图所示）。要求在程序运行时，单击 Select All 按钮则将 List1 中的全部列表项选中，然后单击 Save 按钮，将 List1 中的全部列表项写入文本文件 out20.txt 中，并将 out20.txt 保存在考生文件夹下。

注意：

该程序不完整，请在有问号"？"的地方填入正确内容，然后删除问号"？"及所有注释符"'"，但不能修改其他部分。存盘时不得改变文件名和文件夹，相应的数据文件也保存到考生文件夹下，否则没有成绩。

☆☆☆

第 21 题

在考生文件夹下有一个工程文件 execise21.vbp（相应的窗体文件为 execise21.frm），在该工程中为考生提供了一个通用过程，考生可以直接调用。请在窗体上绘制一个名为 Text1 的文本框；绘制一个名为 Cmd1，标题为"计算"的命令按钮；再绘制两个单选按钮，名称分别为 Opt1 和 Opt2，标题分别为"求 300 到 500 之间能被 3 整除的数之和"、"求 500 到 700 之间能被 7 整除的数之和"，如下图所示。

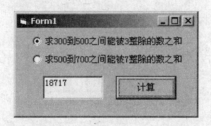

编写适当的事件过程，使得在运行时，选中一个单选按钮，再单击"计算"按钮，就可以按照单选按钮后的文字要求计算，并把计算结果放入文本框中，最后把已经修改的工程文件和窗体文件以原来的文件名存盘。

注意：

考生不得修改窗体文件中已经存在的程序，退出程序时必须通过单击窗体右上角的"关闭"按钮。在结束程序运行之前，必须至少进行一种计算，否则不得分。

☆☆☆

第 22 题

在名为 Form1 的窗体上绘制 1 个文本框，名称为 Text1，允许多行显示；再绘制 3 个命令按钮，名称分别为 Cmd1、Cmd2 和 Cmd3，标题分别为 Read、Change 和 Save，如下图所示。

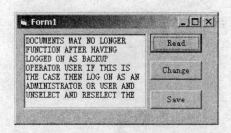

编写适当的事件过程，使得在运行时，单击 Read 按钮，则从考生文件夹中读入 in22.txt 文件（文件中只有字母和空格），放入 Text1 中；单击 Change 按钮，则把 Text1 中的所有大写字母转换为小写字母；单击 Save 按钮，则把 Text1 中的内容存入 out22.txt 文件中。

注意：

考生必须把转换后的内容用"Save"按钮存入 out22.txt 文件，否则无成绩。考生的工程文件以文件名 execise22.vbp 存盘，窗体文件以文件名 execise22.frm 存盘。

☆☆☆☆☆☆☆☆☆☆☆☆☆☆☆☆☆☆☆☆☆☆☆☆☆☆☆☆☆☆☆☆☆☆☆☆☆☆

第 23 题

在考生文件夹下有一个工程文件 execise23.vbp（相应的窗体文件为 execise23.frm）。在名为 Form1 的窗体上有 2 个文本框，名称分别为 Text1 和 Text2；还有 3 个命令按钮，名称分别为 Cmd1、Cmd2 和 Cmd3，标题分别为"读取"、"计算"和"保存"，如下图所示。

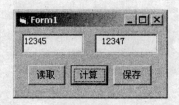

有一个函数过程 isprime 可以在程序中直接调用，其功能是判断参数 a 是否为素数，如果是素数，则返回 True，否则返回 False。编写适当的事件过程，使得在运行时，单击"读取"按钮，就把文件 in23.txt 中的整数放入 Text1 中；单击"计算"按钮，则找出大于 Text1 中的整数的第 1 个素数，并显示在 Text2 中；单击"保存"按钮，则把 Text2 中的计算结果存入 out23.txt 文件中。

注意：

考生不得修改 isprime 函数过程和控件的属性，必须把计算结果通过"保存"按钮存入 out23.txt 文件中。

☆☆☆☆☆☆☆☆☆☆☆☆☆☆☆☆☆☆☆☆☆☆☆☆☆☆☆☆☆☆☆☆☆☆☆☆☆☆

第 24 题

在考生文件夹下有一个工程文件 execise24.vbp，相应的窗体文件为 execise24.frm，此外还有一个名为 in24.txt 的文本文件，其内容如下：132 423 36 58 58 16 98 545 314 42 52 24

73 26 9 12 26 375 4 57 60 72 80 51 327。程序运行后，单击窗体，将把文件 in24.txt 中的数据输入到二维数组 Mat 中，在窗体上按 5 行、5 列的矩阵形式显示出来，然后计算矩阵第 3 行各项的和，并在窗体上显示出来，如下图所示。

在窗体的代码窗口中，已给出了部分程序，这个程序不完整，请把它补充完整，并能正确运行。

要求：

去掉程序中的注释符"'"，把程序中的问号"?"改为正确的内容，使其实现上述功能，但不能修改程序中的其他部分。最后把修改后的文件按原文件名存盘。

★★★

第 25 题

在窗体 Form1 上绘制 3 个命令按钮，其名称分别为 Cmd1、Cmd2 和 Cmd3，标题分别为"读数"、"计算"和"保存"，如下图所示。

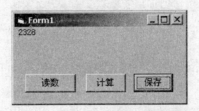

程序运行后，如果单击"读数"按钮，则利用题目中提供的 ReadDate1、ReadDate2 过程读入 in251.txt 和 in252.txt 文件中的各 20 个整数，分别放入两个数组 Arr1 和 Arr2 中；如果单击"计算"按钮，则把两个数组中对应下标的元素相加，其结果放入第 3 个数组中（即：第一个数组的第 n 个元素与第二个数组的第 n 个元素相加，其结果作为第 3 个数组的第 n 个元素。这里的 n 为 1，2，…，20），然后计算第 3 个数组各元素之和，并把所求得的和在窗体上显示出来；如果单击"保存"按钮，则调用题目中给出的 WriteDate 过程将计算结果存入考生文件夹的 out25.txt 文件中。在考生文件夹下有一个工程文件 execise25.vbp，考生必须装入该文件。

注意：

考生不得修改窗体文件中已经存在的程序。存盘时，工程文件名仍为 execise25.vbp，窗体文件名仍为 execise25.frm。

★★★

第 26 题

在考生文件夹下有工程文件 execise26.vbp 及窗体文件 execise26.frm。在名为 Form1 的窗体上有 3 个 Label 控件和 2 个名称分别为 Cmd1 和 Cmd2，标题分别为开始和 End 的命令按钮。编写函数 ITEM(A,N)，其功能是由数字 A 组成的不多于 N 位数的整数，并利用该函数求 5+55+555+5555+55555 的和，结果写入考生文件夹下的 out26.dat 文件中。执行完毕 Begin 按钮变成"完成"按钮，且无效（变灰）（参见下图）。

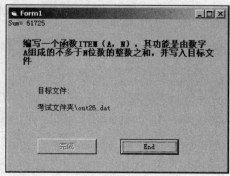

要求：

该程序不完整，请在有问号"？"的地方填入正确内容，然后删除问号"？"及所有注释符"'"，但不能修改其他部分。存盘时不得改变文件名和文件夹，相应的数据文件也保存到考生文件夹下，否则没有成绩。

☆☆

第 27 题

在窗体上绘制 3 个命令按钮，其名称分别为 Cmd1、Cmd2 和 Cmd3，标题分别为"读数"、"计算"和"保存"，如下图所示。

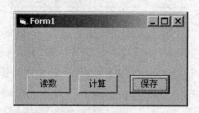

程序运行后，如果单击"读数"按钮，则读入 in271.txt 和 in272.txt 文件中的各 20 个整数，分别放入两个数组中；如果单击"计算"按钮，则把两个数组中对应下标的元素除以 10 并截尾取整后相乘，其结果放入第 3 个数组中（即：把第一个数组的第 n 个元素除以 10 截尾取整，再把第二个数组的第 n 元素除以 10 截尾取整，两者相乘后的结果作为第 3 个数组的第 n 个元素。这里的 n 为 1，2，…，20），然后计算第 3 个数组各元素之和，并把所求得的和在窗体上显示出来；如果单击"保存"按钮，则把所求得的和存入考生文件夹的 out27.txt 文件中。

在考生文件夹下有一个工程文件 execise27.vbp，考生可以装入该文件。窗体文件 execise27.frm 中的 ReadData1 和 ReadData2 过程可以把 in1.txt 和 in2.txt 文件中的各 20 个整数分别读入 Arr1 和 Arr2 数组中；而 WriteData 过程可以把计算出的整数值写到考生文件夹指定的文件中（整数值通过计算求得，文件名为 out27.txt）。

注意：

考生不得修改窗体文件中已经存在的程序。存盘时，工程文件名仍为 execise27.vbp，窗体文件名仍为 execise27.frm。

★★

第 28 题

在考生文件夹下有一个工程文件 execise28.vbp，相应的窗体文件为 execise28.frm，此外还有一个名为 in28.txt 的文本文件，其内容如下：132 423 36 58 58 16 98 545 314 42 52 24 73 26 9 12 26 375 4 57 60 72 80 51 327。程序运行后单击窗体，将把文件 in28.txt 中的数据输入到二维数组 Mat 中，在窗体上按 5 行、5 列的矩阵形式显示出来，然后交换矩阵第 2 列和第 3 列的数据，并在窗体上输出交换后的矩阵，如下图所示。

在窗体的代码窗口中，已给出了部分程序，这个程序不完整，请把它补充完整，并能正确运行。

要求：

去掉程序中的注释符"'"，把程序中的问号"?"改为正确的内容（可以是多行），使其实现上述功能，但不能修改程序中的其他部分。最后把修改后的文件按原文件名保存。

★★

第 29 题

在考生文件夹下有一个工程文件 execise29.vbp 设窗体文件 execise29.frm。窗体 Form1 上有两个图片框，名称为 Pic1 和 Pic2，分别用来表示信号灯和汽车（其中在 Pic1 中轮流装入"黄灯.ico"、"红灯.ico"和"绿灯.ico"文件来实现信号灯的切换）；有一个命令按钮，标题为"开车"；还有两个计时器 Timer1 和 Timer2，Timer1 用于变换信号灯：黄灯 1 秒，红灯 2 秒，绿灯 3 秒；Timer2 用于控制汽车向左移动。运行时，信号灯不断变换，单击"开车"按钮后。汽车开始移动，如果移动到信号灯前或信号灯下，遇到红灯或黄灯，则停止移动，当变为绿灯后再继续移动。如下图所示。

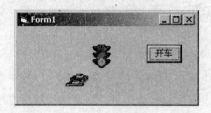

要求：

窗体中已经给出了全部控件和程序，但程序不完整，要求阅读程序并去掉程序中的注释符"'"，把程序中的问号"？"改为正确的内容，使其实现上述功能，但不能修改程序中的其他部分，也不能修改控件的属性。最后把修改后的文件以原文件名存盘。

☆☆☆☆☆☆☆☆☆☆☆☆☆☆☆☆☆☆☆☆☆☆☆☆☆☆☆☆☆☆☆☆☆☆☆☆

第 30 题

在考生文件夹下有一个工程文件 execise30.vbp，窗体文件 execise30.frm 中的 ReadData1 和 ReadData2 过程可以把 in1.txt 和 in2.txt 文件中的整数分别读入 Arr1 和 Arr2 数组中；而 WriteData 过程可以把计算出的整数值写到考生文件夹指定的文件中（整数值通过计算求得，文件名为 out.txt），可直接调用。

请先装入工程文件 execise30.vbp，然后完成以下操作：在名为 Form1 的窗体上绘制 3 个命令按钮，其名称分别为 Cmd1、Cmd2 和 Cmd3，标题分别为 Read、Calc 和 Save，如下图所示。程序运行后，如果单击 Read 按钮，则调用题目所提供的 ReadDate1 和 ReadDate2 过程读入 in301.txt 和 in302.txt 文件中的各 20 个整数，分别放入 Arr1 和 Arr2 两个数组中；如果单击 Cacl 按钮，则把两个数组中对应下标的元素相减，其结果放入第 3 个数组中（即：第一个数组的第 n 个元素减去第二个数组的第 n 个元素，其结果作为第 3 个数组的第 n 个元素。这里的 n 为 1，2，…，20），然后计算第 3 个数组各元素之和，并把所求得的和在窗体上显示出来；如果单击"Save"按钮，则把所求得的和存入考生文件夹的 out30.txt 文件中。运行窗体如图所示。

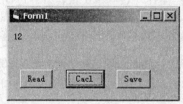

注意：

考生不得修改窗体文件中已经存在的程序，必须把求得的结果用"Save"按钮存入考生文件夹下的 out30.txt 文件中，否则没有成绩。存盘时，工程文件名仍为 execise30.vbp，窗体文件名仍为 execise30.frm。

☆☆☆☆☆☆☆☆☆☆☆☆☆☆☆☆☆☆☆☆☆☆☆☆☆☆☆☆☆☆☆☆☆☆☆☆

第 31 题

在考生文件夹中有一个工程文件 execise31.vbp（相应的窗体文件为 execise31.frm）。窗体 Form1 上有两个标签 Lab1 和 Lab2，标题分别为"密码"和"允许次数"；一个命令按钮 Cmd1，标题为"确定"；两个文本框名称分别为为 Text1 和 Text2。其中 Text1 用来输入密码（输入时，显示"*"），无初始内容，Text2 的初始内容为 3。已给出了 Cmd1 的事件过程，但不完整，要求去掉程序中的注释符"'"，把程序中的问号"？"改为正确内容，使得在运行时，在 Text1 中输入密码后，单击"确定"按钮，如果输入的是"abcdef"则在 Text1 中显示"密码正确"；如果输入其他内容，单击"确定"后，弹出如下图所示的错误提示对话框，并且 Text2 中的数字减 1。最多可输入 3 次密码，若 3 次都输入错误，则禁止再次输入。

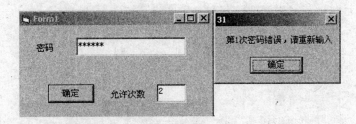

注意：

不能修改程序中的其他部分。最后把修改后的文件按原文件名存盘。

☆☆

第 32 题

在考生文件夹中有一个工程文件 execise32.vbp（相应窗体文件为 execise32.frm）。窗体 Form1 中已经给出了所有控件。其功能是：单击"读入"命令按钮，则把考生目录下的 in32.txt 文件中的所有英文字符放入 Text1（可多行显示）；如果单击"统计"命令按钮，则统计文本框中字母 A、B、C、D 各自出现的次数，并把结果在文本框中显示出来，如下图所示；如果单击"保存"命令按钮，则把统计结果存入考生文件夹下的 out32.txt 文件中。文件中已给出了"读入"和"保存"按钮的 Click 事件过程。请编写"统计"按钮的 Click 事件过程。

要求：

（1）统计每个字母出现的次数时，不区分大小写。

（2）统计后的每个字母的次数必须存入考生文件夹下的 out32.txt 文件中，否则没有成绩。在文件中的格式为：

字母 A 出现的次数为 xx

字母 B 出现的次数为 xx

字母 C 出现的次数为 xx

字母 D 出现的次数为 xx

注意：

不能修改已经给出的程序部分；在结束程序运行之前，必须单击"保存"按钮，把结果存入 out32.txt 文件，否则无成绩。最后把修改后的文件按原文件名存盘。

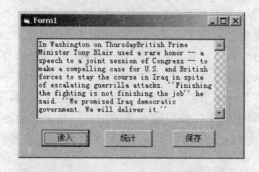

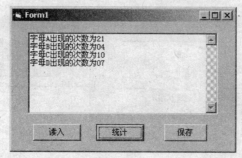

☆☆

第 33 题

在考生文件夹下有工程文件 execise33.vbp 及窗体文件 execise33.frm。如下图所示，在名为 Form1 的窗体上有 5 个 Label 控件和 2 个命令按钮，数据文件 in33.dat 存放一些成绩。程序运行后，按 Begin 按钮后，从考生文件夹下的 in33.dat 中读出数据并求出它们的平均数，将结果写入考生文件夹下的 out33.dat 文件中。执行完毕，Begin 按钮变成"完成"按钮，且无效（变灰）。

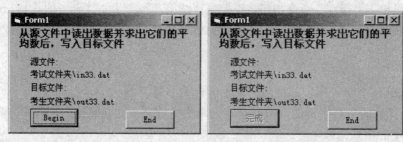

要求：

该程序不完整，请在有问号"？"的地方填入正确内容，然后删除问号"？"及所有注释符"'"，但不能修改其他部分。存盘时不得改变文件名和文件夹，相应的数据文件也保存到考生文件夹下，否则没有成绩。

☆☆

第 34 题

在窗体 Form1 上建立 3 个菜单（名称分别为 vbRead、vbCalc 和 vbSave，标题分别为"读数"、"计算"和"存盘"）；然后绘制一个文本框（名称为 Text1，MultiLine 属性设置为 True，ScrollBars 属性设置为 2），如下图所示。

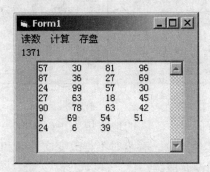

程序运行后，如果执行"读数"命令，则读入 in34.txt 文件中的 100 个整数，放入一个数组中，数组的下界为 1；如果执行"计算"命令，则把该数组中可以被 3 整除的元素在文本框中显示出来，求出它们的和，并把所求得的和在窗体上显示出来；如果执行"存盘"命令，则把所求得的和存入考生文件夹下的 out34.txt 文件中。

在考生文件夹下有一个工程文件 execise34.vbp，考生可以装入该文件。窗体文件 execise34.frm 中的 ReadData 过程可以把 in34.txt 文件中的 100 个整数读入 Arr 数组中；而 WriteData 过程可以把指定的整数值写到考生文件夹指定的文件中（整数值通过计算求得，文件名为 out34.txt）。

注意：

考生不得修改窗体文件中已经存在的程序。存盘时，工程文件名仍为 execise34.vbp，窗体文件名仍为 execise34.frm。

☆☆

第 35 题

在考生文件夹下有工程文件 execise35.vbp 及窗体文件 execise35.frm。如下图所示，在名为 Form1 的窗体上有 5 个 Label 控件和 2 个命令按钮，数据文件 in35.dat，存放考生的考号、姓名、成绩。

要求：

（1）自定义一个数据类型 stu，字符型数据定长为 10。

（2）按 Begin 按钮后，能从考生文件夹下的 in35.dat 中读出所有数据并写入考生文件夹下的 out35.dat 文件中。

（3）执行完毕，Begin 按钮变成"完成"，且无效（变灰）。

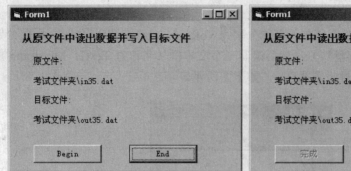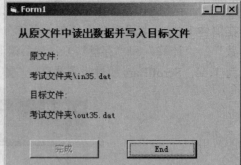

注意:

该程序不完整,请在有问号"?"的地方填入正确内容,然后删除问号"?"及所有注释符"'",但不能修改其他部分。存盘时不得改变文件名和文件夹,相应的数据文件也保存到考生文件夹下,否则没有成绩。

★★★

第 36 题

数列:1,1,2,3,5,8,13,21,…的规律是从第 3 个数开始,每个数是它前面两个数之和。在考生文件夹下有一个工程文件 execise36.vbp(相应的窗体文件为 execise36.frm)。窗体 Form1 中已经给出了所有控件,如下图所示。

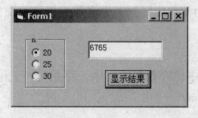

编写适当的事件过程完成以下功能:选中一个单选按钮后,单击"显示结果"按钮,则计算出上述数列的第 n 项的值(n 是选中的单选按钮后面的数值),并显示在文本框中。(提示:因计算结果较大,应使用 Long 型变量。)

注意:

不能修改已经给出的程序和已有的控件的属性;在结束程序运行之前,必须选中一个单选按钮,并单击"显示结果"按钮获得一个结果;必须使用窗体右上角的"关闭"按钮结束程序,否则无成绩。最后把修改后的文件按原文件名存盘。

★★★

第 37 题

在名为 Form1 的窗体上绘制一个文本框(其名称为 Text1,MultiLine 属性为 True,初始内容为空白)、两个命令按钮(其名称分别为 Cmd1 和 Cmd2,标题分别为"添加两条记录"和"显示所有记录",如下图所示。

编写适当的事件过程，程序运行后，如果单击"添加两条记录"命令按钮，则向考生文件夹下的 in37.txt 文件中添加两条记录，该文件是一个用随机存取方式建立的文件，共有 3 个记录，新添加的记录作为第 4、第 5 个记录；如果单击"显示所有记录"命令按钮，则把该文件中的全部记录（包括原来的 3 个记录和新添加的 2 个记录，共 5 个记录）在文本框中显示出来。随机文件 in37.txt 中的每个记录包括 3 个字段，分别为姓名、电话号码和邮政编码，其名称、类型和长度分别为：

名称	类型	长度
Name	字符串	8
Tel	字符串	10
Post	Long	

其类型定义为：

Private Type PalInfo
Name As String * 8
Tel As String * 10
Post As Long
End Type

变量定义为：

Dim Pal As PalInfo

要求：

（1）单击"添加两条记录"按钮，则打开随机文件 in37.txt，向文件中添加第 4、第 5 个记录。

这两条记录依次为（其中的字母必须是小写字母）：

zhang   68831295   100042
wang   68159032   100037

（2）单击"显示所有记录"按钮，则在文本框中显示 in37.txt 文件中的 5 个记录，每个记录显示一行。

（3）存盘时必须存放在考生文件夹中，工程文件名为 execise37.vbp，窗体文件名为 execise37.frm。

✿✿✿

第 38 题

在名为 Form1 的窗体上建立 1 个名为 Text1 的文本框，将 MultiLine 属性设置为 True，ScrollBars 属性设置为 2。建立 3 个名称分别为 Cmd1、Cmd2 和 Cmd3 命令按钮，标题分别为"读数"、"排序"和"保存"，如下图所示。

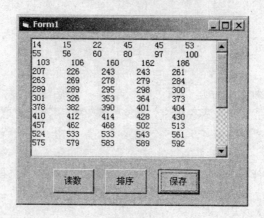

程序运行后，如果单击"读数"按钮，则读入 in38.txt 文件中的 100 个整数，放入一个数组中（数组下界为 1）；如果单击"排序"按钮，则对这 100 个整数按从小到大进行排序；如果单击"保存"按钮，把排序后的全部数据在文本框 Text1 中显示出来，然后存入考生文件夹中的文件 out38.txt 中（在考生的目录下有标准模块 prog.bas 过程可以把指定个数的数组元素存入 out38.txt 文件，考生可以把该模块文件添加到自己的工程中）。

注意：

文件必须存放在考生文件夹中，窗体文件名为 execise38.frm，工程文件名为 execise38.vbp。排序结果存入 out38.txt 文件，否则没有成绩。

★★★

第 39 题

在考生文件夹下有一个工程文件 execise39.vbp 及窗体文件 execise39.frm。在窗体 Form1 上给出了所有控件和不完整的程序，请去掉程序中的注释符"'"，把程序中的问号"？"改为正确的内容。

本程序的功能是：如果单击"读取"按钮，则把考生目录下的 in39.txt 文件中的 15 个姓名读到数组 a 中，并在窗体上显示这些姓名；当在 Text1 中输入一个姓名，或一个姓氏后，如果单击"查找"按钮，则进行查找，若找到，就把所有与 Text1 中相同的姓名或所有具有 Text1 中姓氏的姓名显示在 Text2 中（如下图所示）；若未找到，则在 Text2 中显示"不存在！"；若 Text1 中没有查找内容，则在 Text2 中显示"未输入查找内容！"。

注意：

考生不得修改程序的其他部分和控件的属性，最后把修改后的文件按原文件名存盘。

★★★★★★★★★★★★★★★★★★★★★★★★★★★★★★★★★★★★★★★

第 40 题

数列：1，1，3，5，9，15，25，41，…的规律是从第 3 个数开始，每个数是它前面两个数的和加 1。

在考生文件夹中有一个工程文件 execise40.vbp（相应的窗体文件为 execise40.frm）。窗体 Form1 中已经给出了所有控件，如下图所示。编写适当的事件过程实现以下功能：在 Text1 中输入整数 40，单击"计算"按钮，则在 Text2 中显示该数列第 40 项的值。如果单击"保存"按钮，则将计算的第 40 项的值存到考生目录下的 out40.txt 文件中（提示：因数据较大，应使用 Long 型变量）。

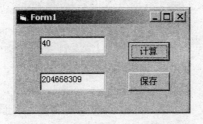

注意：

在结束程序运行之前，必须单击"保存"按钮，把结果存入 out40.txt 文件，否则无成绩。最后把修改后的文件按原文件名保存。

★★★★★★★★★★★★★★★★★★★★★★★★★★★★★★★★★★★★★★★

第 41 题

在考生文件夹下有一个工程文件 execise41.vbp，相应的窗体文件为 execise41.frm，此外还有一个名为 in41.txt 的文本文件，其内容如下：32 43 76 58 28 12 98 57 31 42 53 64 75 86 97 13 24 35 46 57 6879 80 59 37。程序运行后，单击窗体，将把文件 in.txt 中的数据输入到二维数组 Mat 中，在窗体上按 5 行、5 列的矩阵形式显示出来，并输出矩阵左上—右下对角线上的数据，如下图所示。在窗体的代码窗口中，已给出了部分程序，这个程序不完整，请把它补充完整，并能正确运行。

注意：

去掉程序中的注释符"'"，把程序中的问号"？"改为正确的内容，使其实现上述功能，但不能修改程序中的其他部分。最后把修改后的文件按原文件名存盘。

★★

第 42 题

在考生文件夹下有一个工程文件 execise42.vbp 及窗体文件 execise42.frm。在名为 Form1 的窗体中有一个文本框，两个命令按钮和一个计时器。程序的功能是：在运行时，单击"开始"按钮，就开始计数，每隔 1 秒，文本框中的数加 1；单击"停止"按钮，则停止计数，如下图所示。

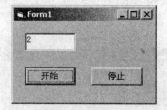

注意：

修改适当的控件的属性，并去掉程序中的注释符"'"，把程序中的问号"？"改为正确的内容，使其实现上述功能，但不能修改程序中的其他部分。最后把修改后的文件以原来的文件名存盘。

★★

第 43 题

在名为 Form1 的窗体上建立一个文本框（名称为 Text1，MultiLine 属性为 True，ScrollBars 属性为 2）和两个命令按钮（名称分别为 Cmd1 和 Cmd2，标题分别为 Read 和 Save），如下图所示。

要求程序运行后，如果单击 Read 按钮，则读入 in43.txt 文件中的 100 个整数，放入一个数组中（数组下界为 1），同时在文本框中显示出来；如果单击 Save 按钮，则计算数组中前 50 个数的平均值（结果四舍五入为整数），并把结果在文本框 Text1 中显示出来，同时把结果存入考生文件夹中的文件 out43.txt 中（在考生的文件夹下有标准模块 mode.bas，其中的 putdata 过程可以把结果存入指定的文件，考生可以把该模块文件添加到自己的工程中，直接调用此过程）。

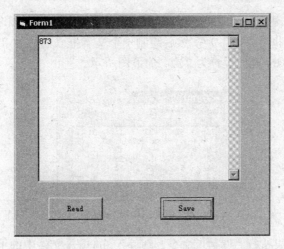

注意：

文件必须存放在考生文件夹中，窗体文件名为 execise43.frm，工程文件名为 execise43.vbp。计算结果存入 out43.txt 文件，否则没有成绩。

★★★

第 44 题

在考生文件夹下有一个工程文件 execise44.vbp（相应的窗体文件为 execise44.frm），在该工程中为考生提供了一个通用过程，考生可以直接调用。请在窗体上绘制一个名为 Text1 的文本框；绘制一个名为 Cmd1、标题为"计算"的命令按钮；再绘制两个单选按钮，名称分别为 Opt1 和 Opt2、标题分别为"求 100 到 500 之间能被 5 整除的数之和"和"求 100 到 500 之间能被 9 整除的数之和"，如下图所示。

编写适当的事件过程，使得在运行时，选中一个单选按钮，再单击"计算"按钮，就可以按照单选按钮后的文字要求计算，并把计算结果放入文本框中，最后把已经修改的工程文件和窗体文件以原来的文件名存盘。

注意：

考生不得修改窗体文件中已经存在的程序，退出程序时必须通过单击窗体右上角的"关闭"按钮。在结束程序运行之前，必须至少进行一种计算，否则不得分。

★★★

第 45 题

在窗体 Form1 上建立 3 个菜单（名称分别为 vbRead、vbCalc 和 vbSave，标题分别为"读数"、"计算"和"存盘"），然后绘制一个文本框（名称为 Text1，MultiLine 属性设置为 True，ScrollBars 属性设置为 2），如下图所示。

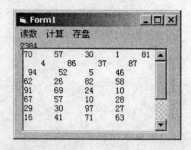

程序运行后，如果执行"读数"命令，则读入 in45.txt 文件中的 100 个整数，放入一个数组中，数组的下界为 1；如果执行"计算"命令，则把该数组中下标为奇数的元素在文本框中显示出来，求出它们的和，并把所求得的和在窗体上显示出来；如果执行"存盘"命令，则把所求得的和存入考生文件夹下的 out45.txt 文件中。

在考生文件夹下有一个工程文件 execise45.vbp，考生可以装入该文件。窗体文件 execise45.frm 中的 ReadData 过程可以把 in45.txt 文件中的 100 个整数读入 Arr 数组中；而 WriteData 过程可以把指定的整数值写到考生文件夹指定的文件中（整数值通过计算求得，文件名为 out45.txt）。

注意：

考生不得修改窗体文件中已经存在的程序。存盘时，工程文件名仍为 execise45.vbp，窗体文件名仍为 execise45.frm。

☆☆☆

第 46 题

在名为 Form1 的窗体上建立一个名为 Text1 的文本框，将 MultiLine 属性设置为 True，ScrollBars 属性设置为 2。再建立两个名称分别为 Cmd1 和 Cmd2 的命令按钮，标题分别为 Read 和 Save，如下图所示。

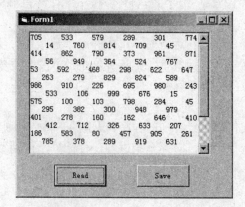

程序运行后，如果单击 Read 按钮，则读入 in46.txt 文件中的 100 个整数，放入一个数组中（数组下界为 1），并在文本框 Text1 中显示出来；如果单击"保存数据"按钮，则把数组中的前 50 个数据在文本框 Text1 中显示出来，并存入考生文件夹中的文件 out46.txt 中（考生文件夹中有标准模块 prog.bas，其中的 putdata 过程可以把指定个数的数组元素存入 out46.txt 文件，考生可以把该模块文件添加到自己的工程中）。

注意：

文件必须存放在考生文件夹中，窗体文件名为 execise46.frm，工程文件名为 execise46.vbp。结果存入 out46.txt 文件，否则没有成绩。

☆☆☆☆☆☆☆☆☆☆☆☆☆☆☆☆☆☆☆☆☆☆☆☆☆☆☆☆☆☆☆☆☆☆☆☆☆☆

第 47 题

在考生文件夹中有一个工程文件 execise47.vbp 及窗体文件 execise47.frm。如下图所示，窗体中有一个名为 Text1 的文本框，初始内容为 0；有一个标签；有一个计时器；有一个有两个元素的单选按钮数组，名称为 Opt1，标题依次为"1 秒"和"3 秒"；有两个命令按钮，名称分别为 Cmd1 和 Cmd2，标题分别为 Start 和 Stop，同时给出了两个事件过程，但并不完整。在运行时要完成下面的功能：单击一个单选按钮，可以设置计时间隔为 1 秒或 5 秒；单击 Start 按钮，则 Text1 中的数按设定的计时间隔每次加 1；单击 Stop 按钮，则 Text1 中的数不再变化。

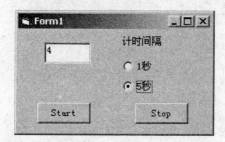

请按下面的要求设置属性和编写程序，以便实现上述功能：

（1）设置计时器的属性，使其在初始状态下不计时。

（2）去掉程序中的注释符"'"，把程序中的问号"？"改为正确的内容。

（3）为两个命令按钮编写适当的事件过程，每个事件过程中只能有一条语句，不能使用变量。

注意：

不能修改已有程序的其他部分和控件的其他属性。最后把修改后的文件按原文件名存盘。

☆☆☆☆☆☆☆☆☆☆☆☆☆☆☆☆☆☆☆☆☆☆☆☆☆☆☆☆☆☆☆☆☆☆☆☆☆☆

第 48 题

在考生文件夹下有一个工程文件 execise48.vbp 及其窗体文件 execise48.frm。在窗体

Form 上有 1 个文本框，名称为 Text1，可以多行显示；有 1 个名为 CD1 的通用对话框；还有 3 个命令按钮，名称分别为 Cmd1、Cmd2 和 Cmd3，标题分别为 Open、Change 和 Save，如下图所示。

命令按钮的功能是：单击 Open 按钮，则弹出打开文件对话框，默认打开文件的类型为"文本文件"。选择考生文件夹下的 in48.txt 文件后，该文件中的内容显示在 Text1 中；单击 Change 按钮，则把 Text1 中的所有小写英文字母转换成大写；单击 Save 按钮，则把 Text1 中的内容存入考生文件夹下的 out48.dat 文件中。在窗体中已经给出了部分程序。

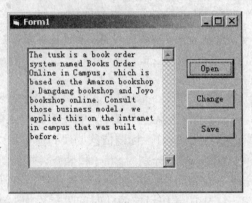

要求：

（1）去掉程序中的注释符"'"，把程序中的问号"？"改为正确的内容。但不能修改程序中的其他部分，也不能修改控件的属性。

（2）编写 Change 按钮的 Click 事件过程。最后把修改后的文件按原文件名存盘。

注意：

考生不得修改已有的程序和控件的属性，必须对考生文件夹下的 in48.txt 文件进行转换，并把转换结果通过 Save 按钮存入考生文件夹下的 out48.dat 文件中，否则无成绩。

☆☆

第 49 题

在窗体 Form1 上建立 3 个菜单（名称分别为 vbRead、vbCalc 和 vbSave，标题分别为"读数"、"计算"和"保存"），然后绘制一个文本框（名称为 Text1，MultiLine 属性设置为 True，ScrollBars 属性设置为 2），如下图所示。

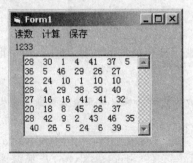

程序运行后，如果执行"读数"命令，则读入 in49.txt 文件中的 100 个整数，放入一个

数组中，数组的下界为 1；如果执行"计算"命令，则把该数组中小于 50 的元素在文本框中显示出来，求出它们的和，并把所求得的和在窗体上显示出来；如果执行"保存"命令，则把所求得的和存入考生文件夹下的 out49.txt 文件中。

在考生文件夹下有一个工程文件 execise49.vbp，考生可以装入该文件。窗体文件 execise49.frm 中的 ReadData 过程可以把 in49.txt 文件中的 100 个整数读入 Arr 数组中；而 WriteData 过程可以把指定的整数值写到考生文件夹指定的文件中（整数值通过计算求得，文件名为 out49.txt）。

注意：

考生不得修改窗体文件中已经存在的程序。保存时，工程文件名仍为 execise49.vbp，窗体文件名仍为 execise49.frm。

✦✦

第 50 题

在考生文件夹下有工程文件 execise50.vbp 及窗体文件 execise50.frm。在名为 Form1 的窗体上有 3 个 Label 控件和 2 个名称分别为 Cmd1 和 Cmd2、标题分别为 Begin 和 Quit 的命令按钮。编写函数 ITEM(A，N)，其功能是由数字 A 组成的不多于 N 位数的整数，利用该函数求 55555-5555-555-55-5 的值并把结果写入考生文件夹下的 out50.dat 文件中。执行完毕，Begin 按钮变成"完成"按钮，且无效。如下图所示。

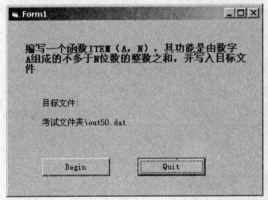 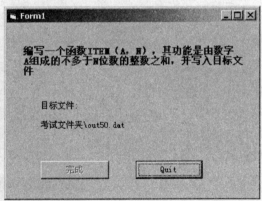

要求：

该程序不完整，请在有问号"？"的地方填入正确内容，然后删除问号"？"及所有注释符"'"，但不能修改其他部分。存盘时不得改变文件名和文件夹，相应的数据文件也保存到考生文件夹下，否则没有成绩。

✦✦

第 51 题

在窗体 Form1 上绘制 3 个命令按钮，其名称分别为 Cmd1、Cmd2 和 Cmd3，标题分别为"读数"、"计算"和"存盘"，如下图所示。

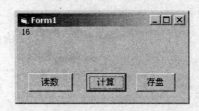

程序运行后，如果单击"读数"按钮，则读入 in511.txt 和 in512.txt 文件中的各 20 个整数，分别放入两个数组中；如果单击"计算"按钮，则把两个数组中对应下标的元素相除并截尾取整后放入第 3 个数组中（即：把第一个数组的第 n 个元素除以第二个数组的第 n 元素，结果截尾取整后作为第 3 个数组的第 n 个元素。这里的 n 为 1，2，…，20），然后计算第 3 个数组各元素之和，并把所求得的和在窗体上显示出来；如果单击"存盘"按钮，则把所求得的和存入考生文件夹的 out.txt 文件中。

在考生文件夹下有一个工程文件 execise51.vbp，考生可以装入该文件。窗体文件 execise51.frm 中的 ReadData1 和 ReadData2 过程可以把 in511.txt 和 in512.txt 文件中的各 20 个整数分别读入 Arr1 和 Arr2 数组中；而 WriteData 过程可以把指定的整数值写到考生文件夹指定的文件中（整数值通过计算求得，文件名为 out51.txt）。

注意：

考生不得修改窗体文件中已经存在的程序。存盘时，工程文件名仍为 execise51.vbp，窗体文件名仍为 execise51.frm。

＊＊

第 52 题

在考生文件夹下有一个工程文件 execise52.vbp，相应的窗体文件为 execise52.frm，此外还有一个名为 in52.txt 的文本文件，其内容如下：132 423 36 58 58 16 98 545 314 42 52 24 73 26 9 12 26 375 4 57 60 72 80 51 327。程序运行后单击窗体，将把文件 in52.txt 中的数据输入到二维数组 Mat 中，在窗体上按 5 行、5 列的矩阵形式显示出来，并输出矩阵右上-左下对角线上的数据，如下图所示。

在窗体的代码窗口中，已给出了部分程序，这个程序不完整，请把它补充完整，并能正确运行。

要求：

去掉程序中的注释符"'"，把程序中的问号"?"改为正确的内容，使其实现上述功能，但不能修改程序中的其他部分。最后把修改后的文件按原文件名存盘。

✦✦

第 53 题

在名为 Form1 的窗体上建立一个文本框（名称为 Text1，MultiLine 属性为 True，ScrollBars 属性为 2）和 3 个命令按钮（名称分别为 Cmd1、Cmd2 和 Cmd3，标题分别为"读数"、"计算"和"保存"（如下图所示）。

要求程序运行后，如果单击"读数"按钮，则读入 in53.txt 文件中的 100 个整数，放入一个数组中（数组下界为 1），同时在文本框中显示出来；如果单击"计算保存"按钮，则计算小于或等于 500 的所有数之和，并把求和结果在文本框 Text1 中显示出来，同时把该结果存入考生文件夹中的文件 out53.txt 中（在考生文件夹下有标准模块 mode.bas，其中的 putdata 过程可以把结果存入指定的文件，考生可以把该模块文件添加到自己的工程中，直接调用此过程）。

注意：

文件必须存放在考生文件夹中，窗体文件名为 execise53.frm，工程文件名为 execise53.vbp，计算结果存入 out53.txt 文件，否则没有成绩。

✦✦

第 54 题

在考生文件夹中有一个工程文件 execise54.vbp 设窗体文件 execise54.frm。在窗体 Form1 中已经给出了所有控件，如下图所示。

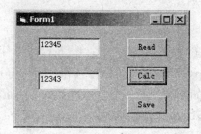

编写适当的事件过程实现以下功能：单击 Read 按钮，则把考生目录下的 in54.txt 文件中的一个整数放入 Text1；单击 Calc 按钮，则计算出小于该数的最大素数，并显示在 Text2 中；单击 Save 按钮，则把找到的素数存到考生目录下的 out54.txt 文件中。

注意：

在结束程序运行之前必须单击 Save 按钮，把结果存入 out54.txt 文件，否则无成绩。最后把修改后的文件按原文件名保存。

★★

第 55 题

在考生文件夹下有一个工程文件 execise55.vbp 设窗体文件 execise55.frm。窗体 Form1 上有两个文本框，名称为 Text1 和 Text2，都可以多行显示。还有 3 个命令按钮，名称分别为 Cmd1、Cmd2 和 Cmd3，标题分别为 Read、Order、Save。Read 按钮的功能是把考生目录下的 in55.dat 文件中的 50 个整数读到数组中，并在 Text1 中显示出来；Order 按钮的功能是对这 50 个数按升序排序，并显示在 Text2 中；Save 按钮的功能是把排好序的 50 个数存到考生目录下的 out55.dat 文件中。如下图所示。

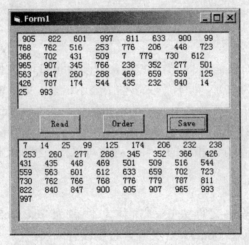

在窗体中已经给出了全部控件和部分程序，要求阅读程序并去掉程序中的注释符 "'"，把程序中的问号 "？" 改为正确的内容，并编写 Order 按钮的 Click 事件过程，使其实现上述功能，但不能修改程序中的其他部分，也不能修改控件的属性。最后把修改后的文件按原文件名存盘。

★★

第 56 题

在考生文件夹中有一个工程文件 execise56.vbp 及窗体文件 execise56.frm。在窗体 Form1 上有一个文本框，名称为 Text1；还有两个命令按钮，名称分别为 Cmd1 和 Cmd2，标题分别为 "计算" 和 "存盘"，如下图所示。有一个函数过程 isprime 可以在程序中直接调用，其功能是判断参数 a 是否为素数，如果是素数，则返回 True，否则返回 False。

编写适当的事件过程，使得在运行时，单击"计算"按钮，则找出小于 5000 的最大的素数，并显示在 Text1 中；单击"存盘"按钮，则把 Text1 中的计算结果存入考生目录下的 out56.txt 文件中。

注意：

考生不得修改 isprime 函数过程和控件的属性，必须把计算结果通过"存盘"按钮存入 out56.txt 文件中，否则无成绩。

✰✰✰

第 57 题

在考生的文件夹下有一个工程文件 execise57.vbp，相应的窗体文件为 execise57.frm。在窗体 Form1 上有两个命令按钮，其名称分别为 Cmd1 和 Cmd2，标题分别为"文件写入"和"文件读出"，如下图所示。

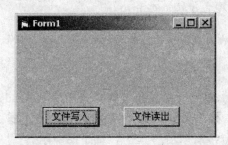

其中"文件写入"命令按钮事件过程用来建立一个通讯录，以随机存取方式保存到文件 out57.txt 中；而"文件读出"命令按钮事件过程用来读出文件 out57.txt 中的每个记录，并在窗体上显示出来。

通讯录中的每个记录由 3 个字段组成，结构如下：

姓名（Name）	电话（Tel）	邮政编码（Pos）
Abcd	(010)51688765	100065

各字段的类型和长度为：

姓名（Name）：	字符串	15
电话（Tel）：	字符串	15
邮政编码（Pos）	长整型（Long）	

程序运行后，如果单击"文件写入"命令按钮，则可以随机存取方式打开文件 out57.txt，并根据提示向文件中添加记录，每写入一个记录后，都要询问是否再输入新记录，回答"Y"

（或"y"）则输入新记录，回答"N"（或"n"）则停止输入；如果单击"文件读出"命令按钮，则可以随机存取方式打开文件 out57.txt，读出文件中的全部记录，并在窗体上显示出来。该程序不完整，请把它补充完整。

要求：

（1）去掉程序中的注释符"'"，把程序中的问号"？"改为正确的内容，使其能正确运行，但不能修改程序中的其他部分。

（2）文件 out57.txt 中已有 3 个记录，请运行程序，单击"文件写入"命令按钮，向文件 out57.txt 中添加以下 2 个记录（全部采用西文方式），如下图所示。

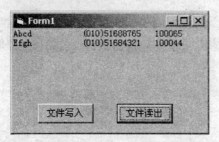

Abcd	(010)51688765	100065
Efgh	(010)51684321	100044

（3）运行程序，单击"文件读出"命令按钮，在窗体上显示全部记录。

（4）用原来的文件名保存工程文件和窗体文件。

★★

第 58 题

在名为 Form1 的窗体上建立 3 个菜单（名称分别为 vbRead、vbCalc 和 vbSave，标题分别为"读数"、"计算"和"保存"），然后绘制一个文本框（名称为 Text1，MultiLine 属性设置为 True，ScrollBars 属性设置为 2），如下图所示。

程序运行后，如果执行"读数"命令，则读入 in.txt 文件中的 100 个整数，放入一个数组中，数组的下界为 1；如果执行"计算"命令，则把该数组中下标为偶数的元素在文本框中显示出来，求出它们的和，并把所求得的和在窗体上显示出来；如果执行"保存"命令，则把所求得的和存入考生文件夹下的 out.txt 文件中。

在考生文件夹下有一个工程文件 execise58.vbp，考生可以装入该文件。窗体文件 execise58.frm 中的 ReadData 过程可以把 in58.txt 文件中的 100 个整数读入 Arr 数组中；而

WriteData 过程可以把指定的整数值写到考生文件夹指定的文件中（整数值通过计算求得，文件名为 out58.txt）。

注意：

考生不得修改窗体文件中已经存在的程序。保存时，工程文件名仍为 execise58.vbp，窗体文件名仍为 execise58.frm。

☆☆☆☆☆☆☆☆☆☆☆☆☆☆☆☆☆☆☆☆☆☆☆☆☆☆☆☆☆☆☆☆☆☆☆☆☆

第 59 题

在考生文件夹下有一个工程文件 execise59.vbp 及窗体文件 execise59.frm。在窗体上有两个命令按钮，名称分别为 Cmd1 和 Cmd2，标题为"添加"和"清除"；一个文本框，名称为 Text1，程序运行前，文本框的编辑区为空白；一个列表框，名称为 List1。程序界面如下图所示。

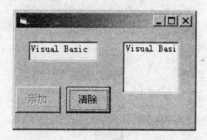

在文本框中输入文本，若单击"添加"按钮，则将文本框中的文本作为列表框的一个列表项添加到列表框的末尾，且使"添加"按钮变为无效，"清除"按钮变为有效；若单击"清除"按钮，则使文本框中的内容为空，且使"添加"按钮变为有效，"清除"按钮变为无效。

要求：

去掉程序中的注释"'"，把程序中的问号"?"改为正确的内容，使其实现上述功能，但不能修改程序中的其他部分，也不能修改控件的属性。保存时，工程文件名仍为 execise59.vbp，窗体文件名仍为 execise59.frm。

☆☆☆☆☆☆☆☆☆☆☆☆☆☆☆☆☆☆☆☆☆☆☆☆☆☆☆☆☆☆☆☆☆☆☆☆☆

第 60 题

编写一个程序，输入货物的数量及单价，求总价，并输出。程序界面如下图所示。

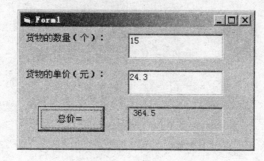

　　窗体标题设置为"售货机"，窗体上的两个标签（分别命名为 Lab1 和 Lab2，标题为"货物的数据量（个）："和"贸物的单价（元）："）两个文本框分别命名为 Text1 和 Text2，命令按钮名称为 Cmd1（标题为"总价="，结果显示在名为 Pic1 的图片框中）。当用户输入货物的数量与单价后，单击"总价="按钮，输出正确的结果。

　　注意：

　　在存盘时，工程文件名为 execise60.vbp，窗体文件名为 execise60.frm。

☆☆☆